TJAD WORKS

SELECTED PROJECTS

同济设计集团作品选

2017—2022

同济大学建筑设计研究院（集团）有限公司　编著

同济大学出版社·上海

TONGJI UNIVERSITY PRESS · SHANGHAI

同济设计 创造未来
TONGJI DESIGN CREATES THE FUTURE

同济大学建筑设计研究院（集团）有限公司（下简称"同济设计"）是依托同济大学的学术研究、工程技术和人才培养优势的一所大型综合性建筑设计研究院，有着 65 年的历史，汇聚了五千多名优秀的专业技术人员，荟萃了众多设计大师。设计业务涵盖了建筑设计、室内设计、城市规划、城市设计、项目策划、景观设计、环境工程设计、市政工程设计、轨道交通工程设计等，形成了从建筑项目前端直至设计产品的系统化产业链。经过长期的锤炼和积累，同济设计创造了辉煌的业绩，作品兼具实验性和先锋性，成为"同济学派"和"同济风格"的重要支柱。

我们所从事的设计是大设计，是宏观的设计，是无所不包的设计。我们坚信设计改变社会，设计创造未来，设计意味着生活环境品质和社会文化素质，设计就是人类和世界存在的风格。创造融物质性与精神性为一体的建筑空间是我们的使命。我们所从事的工作是一种综合了社会性、艺术性、技术性、逻辑性和创造性的活动，它既理性又感性，既是智性，又是实践，是在现实世界面向未来世界的创造。

同济设计始终在不断探索发展方向和创作道路，并在此过程中奠定了自身的理想、志向和追求。我们需要去不断学习，不断进取，因为同济设计的责任在于如何以自己的知识和技能去服务和引导社会。在当代社会经济和文化发展的条件下，一幢建筑从最初的策划，到可行性研究、方案构思、设计方案竞赛，再到初步设计、施工图设计、施工，最后到建成验收、使用、再调整等，要经历无数个环节，涉及无数人、无数个委员会和无数个产业领域的工作。其间，规划管理部门、业主、投资者、工程师、制造商、施工公司、质量监管机构、设计审查机构、消防部门、卫生防疫部门、劳动安全部门等，都与建筑设计的成功与否有关。不仅如此，每个专业、每个环节都有无数人把关。同济设计的作品不仅仅是设计院的创造，更是由整个社会引领和推动的作品。

同济设计曾出版过三部以时间跨度为线索的作品集，分别是 1998—2007 年的作品集、2008—2012 年的作品集，以及 2012—2017 年的作品集。自 2008 年开始，以每五年作为出版节奏。此次《同济设计集团作品选 2017—2022》是同济设计的第三部五年跨度作品集。作品集共收录了 159 个项目，包括 13 个设计类型，其中详细展示的项目达 122 项，创历年作品集之最。

从本部作品集中收录的项目类型来看，愈益体现出同济设计的自主创新能力，另外，公共文化类建筑始终是同济设计的核心项目，充分体现了设计创作中的文化引领作用。在作品集中收录了一系列原创设计的博物馆和美术馆、歌剧院、会展中心、图书馆、科技馆、文化中心等，共计 30 项，都是在这一时间段中相继建成。然后依次是教育和医疗建筑 21 项、办公和产业园区 20 项、交通和体育建筑 19 项、商业及综合体建筑 7 项、历史建筑保护和既有建筑改造 13 项、城市规划与设计 11 项、景观设计 8 项、市政桥梁 8 项，以及居住建筑及专项设计等 7 项。这些统计数字显示了设计领域总体的发展趋向，同时表明了同济设计从事的设计领域正在拓展。其中，历史建筑的保护与修缮以及旧建筑的绿色改造的收录数量远超以往，可见同济设计近年来在积极探索城市有机更新的实践路径。在新冠肺炎疫情防控中，也积极参与了医疗建筑和应急救治医疗建筑的设计。

这里见不到随处可见的宏大叙事、宏大手笔，不博眼球，不哗众取宠，不自娱自乐，而是崇尚真诚，反对随波逐流，反对英雄主义。在业主的需求、社会的需求、建筑师的专业水准和建筑环境品质之间，实现完美的统一。从作品集中，可以看到的是理性和严谨的设计，是一种具有批判性意义的现代建筑。作品集展示的是建筑的外在方面，在那些作品背后，有着无数人的辛勤工作和默默奉献，这是一个现代设计院的体制所系。

中国科学院院士、同济大学教授
同济大学建筑设计研究院（集团）有限公司董事长

同济大学建筑设计研究院（集团）有限公司
党委书记、总裁

2023 年 12 月

前言
FOREWORD

2023 年适逢同济大学建筑设计研究院（集团）有限公司（下简称"同济设计"）成立 65 周年。从最初成立时的 120 余人，发展到目前 5,700 余人的大型设计集团，作为新中国成立后的第一批高校设计院之一，同济设计不忘初心，踔厉践行高校设计院的社会责任，坚持设计与研究并行，与同济大学建筑工程类专业教育发展齐头并进，取得了令人瞩目的业绩。站在 65 周年的节点，我们回首近五年来的实践作品，集结成一份以时间命名的"果实"，以此作为承上启下的周年庆纪念。

本作品集收录的项目是历年作品集中数量最多的，且项目类型更加多元。累累硕果不仅全方位展示了同济设计的整体设计实力，更凸显了同济设计多专业集成的综合优势。这百余个项目分布于全国各地，体现了同济设计在自身发展过程中，持续聚焦京津冀一体化、粤港澳大湾区建设、长三角一体化等国家区域发展重大战略，在设计实践中勇于服务国家战略、助力区域发展的社会担当。

在文化、会展、办公、交通、教育等传统优势领域，同济设计承接了上海博物馆东馆、浦东美术馆、西安丝路国际会展中心、中国扬州运河大剧院、重庆西站、深圳光明科学城启动区等地标性建筑和具有引领示范作用的先锋项目。它们不仅体现了同济设计的创作创新能力，也展示了同济设计在助力大型复杂项目落地的同时，不断提升设计产品能级——以创新技术赋能强势产品线、提高产品附加值、推进成果转化和产业化的决心。

在中国城市建设发展由依靠增量开发向存量更新转变的大背景下，同济设计近年来积极探索城市有机更新的实践路径，助力"双碳"目标，不断深化科技创新载体建设，构建了多领域、多层级科研平台，完善平台运行机制，加强务实合作，加快成果转化，覆盖城市更新、绿色低碳、城市韧性、健康监测、工业化和智能建造、智慧交通等多项技术领域，致力于为城市发展创造具有地域文化、人性关怀且充满活力的美好空间。

　　过去五年是建筑设计行业市场转型的关键时期，同济设计依托同济大学深厚的学术积淀，以科技创新为发展引领，以"跨专业集成技术赋能产品线"为核心路径，应对市场的千变万化。集团的数字化业务也正从 BIM 设计延伸至数字孪生、数字城市、智慧城市，本作品集收录的上海金鼎"聪明城市"CIM 数字化平台项目是其中的代表项目。集团调配核心科研力量，多部门联合协同作战，逐步走出了具有同济特色的数字化城市发展之路，该项目也斩获了世界人工智能大会最高奖项。

　　从这本作品集中，我们看到更多的是同济设计人的勇于担当，耕耘不辍，他们的创新精神和辛勤付出，成就了同济设计作品数量和质量的不断提升，是他们切实履行了"用我们创造性的劳动让人们生活和工作在更美好的环境中"的使命。

目录
CONTENTS

凡例 / NOTE

① 项目地点   ⑥ 建筑高度 / 床位数 / 桥梁规模
② 设计时间   ⑦ 合作设计
③ 竣工时间   ⑧ 建设单位（业主）
④ 基地面积   ⑨ 获奖信息
⑤ 建筑面积   ⑩ 摄影师

P036

上海博物馆东馆

① 上海市浦东新区花木 10 号地块   ⑦ 泛光照明：同济大学建筑与城市规划学院、郝洛西教授
② 2016 年   工作室；室内照明：RDI 瑞国际照明设计；幕墙：上海卓
③ 2024 年   阅建筑设计咨询有限公司
④ 46,001 m²   ⑧ 上海博物馆
⑤ 113,200 m²   ⑩ 徐浩然

P040

马家浜文化博物馆

① 浙江省嘉兴市南湖区马家浜路 297 号   ⑧ 嘉兴市文化广电新闻出版局
② 2015 年   ⑨ 2021 上海市优秀勘察设计一等奖；2021 上海市建筑学
③ 2020 年   会第九届建筑创作奖优秀奖；2021 行业优秀勘察设计奖
④ 15,572 m²   建筑设计二等奖
⑤ 7,840 m²   ⑩ 章鱼见筑

P044

二里头夏都遗址博物馆

① 河南省洛阳市偃师区斟鄩大道 1 号   ⑧ 洛阳文物局
② 2016 年   ⑨ 2021 教育部优秀勘察设计奖一等奖；2021 上海市建筑
③ 2019 年   学会第九届建筑创作奖优秀奖
④ 339,074 m²   ⑩ 田方方；杨天周；姚力；朱捍东
⑤ 31,781 m²

P048

世界技能博物馆

① 上海市杨浦区杨树浦路 1578 号   ④ 10,920 m²
② 2018 年   ⑤ 10,171 m²
③ 2023 年   ⑧ 上海杨浦滨江投资开发公司

P050

隋唐大运河文化博物馆

① 河南省洛阳市滨河北路与新伊大街交叉口   ⑧ 洛阳文物局
② 2019—2021 年   ⑨ 2023 教育部优秀勘察设计建筑设计一等奖
③ 2022 年   ⑩ 田方方；姚力
④ 31,817 m²
⑤ 32,986 m²

P054

中国第二历史档案馆新馆

① 江苏省南京市秦淮区南部新城响水河畔，机场大道以北   ⑤ 88,752 m²
② 2020 年   ⑥ 41.1 m
③ 2023 年   ⑧ 中共中央直属机关工程建设服务中心
④ 40,028 m²   ⑩ 苏圣亮

河南省科学技术馆 P056

① 河南省郑州市郑东新区郑开大道 100 号
② 2016—2019 年
③ 2021 年
④ 89,620 m²
⑤ 129,364 m²
⑧ 河南省科学技术馆

⑨ 2023 上海市优秀工程勘察设计奖优秀建筑工程设计一等奖；2022 中国施工企业管理协会工程建设科学技术进步奖二等奖；2021 华夏建筑科学技术奖二等奖；2020 中国图学学会第九届全国 BIM 大赛综合组一等奖
⑩ 章鱼见筑

宛平剧院改扩建工程 P058

① 上海市徐汇区中山南二路 859 号
② 2016—2021 年
③ 2021 年
④ 6,465 m²
⑤ 29,280 m²

⑧ 上海市宛平艺苑
⑨ 2023 上海市优秀工程勘察设计奖优秀建筑工程设计一等奖
⑩ 马元

中国扬州运河大剧院 P062

① 江苏省扬州市邗江区国展路 108 号
② 2017 年
③ 2022 年
④ 64,300 m²

⑤ 146,985 m²
⑧ 扬州市文化投资管理有限公司
⑨ 2023 上海市优秀工程勘察设计奖优秀建筑工程设计一等奖
⑩ 邵峰

上音歌剧院 P066

① 上海市徐汇区汾阳路 6 号
② 2015—2017 年
③ 2021 年
④ 9,825 m²
⑤ 31,926 m²

⑦ 伊丽莎白与克里斯蒂安·德·包赞巴克事务所
⑧ 上海音乐学院
⑨ 2021 教育部优秀勘察设计建筑设计一等奖；2021 行业优秀勘察设计奖建筑设计一等奖
⑩ 邵峰

启东市文化体育中心（北区） P070

① 江苏省启东市江海南路与钱塘江路交叉口
② 2015—2017 年
③ 2020 年
④ 50,097 m²
⑤ 38,316 m²

⑥ 22.30 m（除舞台外最高钢筋混凝土屋面）；45.638 m（装饰幕墙顶）
⑧ 启东新城文化体育服务有限公司
⑨ 2021 上海市优秀工程勘察设计奖优秀建筑工程设计一等奖
⑩ 章鱼见筑

西安国际会议中心 P072

① 陕西省西安市灞桥区世博大道 2626 号
② 2017 年
③ 2020 年
④ 179,000 m²
⑤ 161,000 m²

⑥ 45.95 m
⑧ 西安浐灞生态区会展事业发展中心
⑨ 2021 上海市优秀工程勘察设计奖优秀建筑工程设计三等奖
⑩ 马元；尹明

西安丝路国际展览中心一期 P076

① 陕西省西安市灞桥区会展一路 1399 号
② 2017—2019 年
③ 2020 年
④ 251,241 m²
⑤ 486,678 m²

⑦ 德国 gmp 国际建筑设计有限公司
⑧ 西安世园投资（集团）有限公司
⑨ 2021 上海市优秀工程勘察设计奖优秀建筑工程设计一等奖；2021 行业优秀勘察设计奖建筑设计二等奖
⑩ 是然；CreatAR

西安丝路国际会议中心 P080

① 陕西省西安市灞桥区会展一路 999 号
② 2017—2019 年
③ 2020 年
④ 105,074 m²
⑤ 207,112 m²

⑦ 德国 gmp 国际建筑设计有限公司
⑧ 西安世园投资（集团）有限公司
⑨ 2021 教育部优秀勘察设计建筑设计一等奖；2021 行业优秀勘察设计奖建筑设计一等奖
⑩ 苏圣亮；叁山摄影（P083）

P084

绍兴国际会展中心

① 浙江省绍兴市柯桥区绸缎路 699 号
② 2019 年
③ 2022 年
④ 123,590 m²
⑤ 174,776 m²
⑦ 深圳市欧博工程设计顾问有限公司

⑧ 绍兴市柯桥区中国轻纺城市场开发经营集团有限公司、绍兴市柯桥区体育中心投资开发有限公司
⑨ 2023 上海市优秀工程勘察设计奖优秀建筑工程设计一等奖
⑩ 存在建筑

P086

郑州美术馆新馆及档案史志馆

① 河南省郑州市中原区文澜街 10 号
② 2015—2016 年
③ 2020 年
④ 53,558 m²
⑤ 96,775 m²
⑧ 郑州市建设投资集团有限公司

⑨ 2021 河南省工程建设优质工程；2021 行业优秀勘察设计奖建筑设计二等奖；2021 教育部优秀勘察设计建筑设计一等奖；2021 上海市建筑学会第九届建筑创作奖佳作奖；2020 郑州市城乡建设系统优秀勘察设计建筑工程设计－民用建筑三等奖；2017 第九届中国威海国际建筑设计大奖优秀奖
⑩ 苏圣亮

P090

浦东美术馆

① 上海市浦东新区滨江大道 2777 号
② 2017—2020 年
③ 2022 年
④ 13,000 m²
⑤ 40,590 m²

⑦ 法国让·努维尔事务所
⑧ 上海陆家嘴（集团）有限公司
⑨ 2023 上海市优秀工程勘察设计奖优秀建筑工程设计二等奖；2022 国家优质工程奖
⑩ 章鱼见筑

P094

程十发美术馆

① 上海市长宁区虹桥路 1398 号
② 2017 年
③ 2019 年
④ 7,129 m²
⑤ 11,500 m²

⑧ 上海中国画院
⑨ 2023 上海市优秀工程勘察设计奖优秀建筑工程设计一等奖
⑩ 苏圣亮

P096

一战华工纪念馆

① 山东省威海市海源公园内
② 2015—2017 年
③ 2017 年
④ 6,921 m²
⑤ 2,335 m²
⑦ 威海市建筑设计研究院（设备施工图）
⑧ 威海市园林局

⑨ 2019 香港建筑师学会两岸四地建筑设计论坛及大奖卓越奖；2019 教育部优秀勘察设计建筑工程设计一等奖；2019—2020 中国建筑学会建筑设计奖一等奖；2019 第十届中国威海国际建筑设计大奖赛优秀奖；2019 行业优秀勘察设计奖优秀（公共）建筑设计二等奖
⑩ 姚力

P098

娄山关红军战斗遗址陈列馆

① 贵州省遵义市汇川区娄山关景区
② 2015—2016 年
③ 2017 年
④ 6,056 m²
⑤ 9,000 m²

⑧ 遵义市娄山关管理处
⑨ 2019 香港建筑师学会两岸四地建筑设计论坛及大奖社区、文化及康乐设施组别金奖；2017 上海市建筑学会第七届建筑创作奖优秀奖
⑩ 章鱼见筑

P102

长宁县竹文化馆

① 四川省宜宾市长宁县双河镇
② 2020—2021 年
③ 2021 年
④ 8,992 m²
⑤ 1,544 m²
⑧ 长宁县城市建设投资有限公司

⑨ 2023 德国标志性设计奖（ICONIC AWARDS: Innovative Architecture）至尊奖（Best of Best）；2023 上海市优秀工程勘察设计奖优秀建筑工程设计一等奖；2022 AIA 中国年度杰出设计奖（CDEA）最高奖项荣耀奖（HONOR AWARD）
⑩ 章鱼见筑

碧道之环：深圳茅洲河展示馆 P104

① 广东省深圳市宝安区洋涌路、松罗路
② 2019—2020 年
③ 2020 年
④ 24,055 m²
⑤ 1,497 m²
⑦ 上海风语筑文化科技股份有限公司；译地事务所

⑧ 深圳市水务局茅洲河流域管理中心
⑨ 2022 MUSE 国际创意大奖建筑铂金奖；2021 上海市建筑学会第九届建筑创作奖佳作奖；2020 WA 世界建筑奖技术进步奖入围
⑩ 章鱼见筑；张学涛

浦东新区青少年活动中心及群艺馆 P106

① 上海市浦东新区锦绣路 2769 号
② 2016 年
③ 2021 年
④ 51,947 m²
⑤ 87,353 m²

⑦ 上海山水秀建筑设计顾问有限公司
⑧ 上海市浦东新区教育局
⑨ 2023 上海市优秀工程勘察设计奖优秀建筑工程设计一等奖
⑩ 邵峰

咸阳市市民文化中心 P108

① 陕西省咸阳市秦都区尚法路
② 2012—2016 年
③ 2017 年
④ 119,023 m²
⑤ 155,000 m²
⑧ 咸阳市统建项目管理办公室

⑨ 2019 香港建筑师学会两岸四地建筑设计大奖卓越奖；2019 教育部优秀工程勘察设计公共建筑一等奖；2019 行业优秀勘察设计奖优秀（公共）建筑设计一等奖；2017—2018 中国建筑设计奖建筑创作金奖
⑩ 姚力

西安高新国际会议中心一期 P110

① 陕西省西安市天谷六路与云水一路交会处
② 2018 年
③ 2018 年
④ 15,113 m²
⑤ 30,656 m²
⑧ 西安高科领创文化发展有限公司

⑨ 2021 行业优秀勘察设计奖建筑设计二等奖；2020 上海市优秀工程勘察设计奖优秀建筑工程设计一等奖；2019—2020 中国建筑学会建筑设计奖公共建筑二等奖；2019 上海市建筑学会第八届建筑创作奖优秀奖
⑩ 章鱼见筑

金坛图书馆 P112

① 江苏省常州市金坛区清风路 2 号
② 2013—2014 年
③ 2017 年
④ 9,393 m²
⑤ 15,527 m²

⑧ 江苏金坛金沙建设投资发展有限公司
⑨ 2019 教育部优秀工程勘察设计公共建筑一等奖；2019 行业优秀勘察设计奖建筑设计二等奖；2017 上海市建筑学会第七届建筑创作奖佳作奖
⑩ 章鱼见筑

南通开发区公共文化中心

① 江苏省南通市崇川区碧桂路 9 号
② 2017 年
③ 2020 年
④ 35,699 m²
⑤ 31,878 m²
⑧ 南通经济技术开发区新农村建设有限公司

⑨ 2023 教育部优秀勘察设计奖建筑设计一等奖；2022 MUSE DESIGN AWARDS-PLATINUM WINNER（文化类建筑铂金奖）；2021 白玉兰照明奖金奖；2021 中照照明奖二等奖；2021 A'DESIGN AWARD-Certificate of Excellence；2021 MUSE DESIGN AWARDS-PLATINUM WINNER（照明铂金奖）
⑩ 马元；章鱼见筑

太仓美术馆

① 江苏省太仓市半泾南路 3 号
② 2019 年
③ 2022 年
④ 17,631 m²

⑤ 16,650 m²
⑧ 太仓市文体广电和旅游局
⑩ 田方方

西藏美术馆

① 西藏自治区拉萨市北京西路 133 号
② 2019—2021 年
③ 2023 年
④ 47,340 m²

⑤ 32,825 m²
⑥ 24 m
⑧ 西藏自治区文学艺术界联合会

上海油罐艺术中心

① 上海市徐汇区龙腾大道 2380 号
② 2017 年
③ 2019 年
④ 56,920 m²
⑤ 11,029 m²
⑦ OPEN 建筑事务所

⑧ 上海徐汇滨江开发投资建设有限公司
⑨ 2022 RICS Awards 优秀奖；2020 上海市既有建筑绿色更新改造评定铂金奖；2020 Active House Award 最佳可持续奖
⑩ 尹明

宜宾国际会展中心（二期）

① 四川省宜宾市三江新区国兴大道沙坪路 9 号
② 2018—2019 年
③ 2019 年
④ 64,751 m²
⑤ 35,075 m²

⑧ 四川港荣投资发展集团有限公司
⑨ 2021 上海市优秀工程勘察设计奖优秀建筑工程设计一等奖
⑩ 邵峰

昆明规划馆

① 云南省昆明市官渡区环城东路
② 2015—2018 年
③ 2019 年
④ 21,121 m²

⑤ 36,340 m²
⑧ 昆明市规划编制与信息中心
⑨ 2021 教育部优秀勘察设计建筑设计二等奖；2020 国家鲁班奖

汪曾祺纪念馆文化特色街区

① 江苏省高邮市古城风貌区傅公桥路与人民路交会处
② 2018—2019 年
③ 2020 年
④ 7,558 m²
⑤ 9,487 m²
⑧ 高邮秦邮旅游开发有限公司

⑨ 2023 亚洲建筑师协会建筑奖金奖；2023 上海市优秀工程勘察设计项目建筑工程设计（公共建筑）一等奖；2021 上海市建筑学会第九届建筑创作奖佳作奖；2019 上海市建筑学会第九届建筑创作奖佳作奖
⑩ 陈颢

中国丝绸博物馆改扩建工程

① 浙江省杭州市西湖风景区玉皇山路 73-1 号
② 2015 年
③ 2016 年
④ 42,286 m²
⑤ 22,999 m²

⑧ 中国丝绸博物馆
⑨ 2019 行业优秀勘察设计奖建筑设计二等奖；2019 教育部优秀勘察设计奖一等奖；2017 上海市建筑学会第七届建筑创作奖优秀奖
⑩ 姚力

宝山音乐厅

① 上海市宝山区云海路
② 2017—2019 年
③ 在建
④ 75,319 m²

⑤ 11,059 m²
⑦ DLR Group
⑧ 上港集团瑞泰发展有限责任公司

泉州大剧院

① 福建省泉州市丰泽区府西路
② 2015 年
③ 2019 年
④ 23,824 m²
⑤ 42,807 m²

⑧ 泉州市公共文化中心投资运营有限公司
⑨ 2021 上海市优秀工程勘察设计奖优秀建筑工程设计二等奖
⑩ 马元

光明田原游客服务中心

① 上海市崇明区长征农场
② 2017—2018 年
③ 2019 年
④ 21,927 m²
⑤ 5,156 m²

⑧ 光明食品集团上海置地有限公司
⑨ 2019 上海市既有建筑绿色更新改造评定铂金奖；2019 教育部优秀工程勘察设计规划设计二等奖；2019 上海市建筑学会第八届建筑创作奖提名奖
⑩ 马元

绿地·中央广场南（北）地块

① 河南省郑州市郑东新区东风南路与康平路交会处
② 2010—2012 年
③ 2017 年
④ 22,325 m²（南地块）；19,831 m²（北地块）
⑤ 352,134 m²（南地块）；329,948 m²（北地块）
⑥ 283.92 m

⑦ gmp 国际建筑设计有限公司
⑧ 河南绿地广场置业发展有限公司
⑨ 2019 上海市优秀工程勘察设计奖优秀建筑工程设计一等奖；2019 行业优秀勘察设计奖优秀（公共）建筑设计二等奖
⑩ 曾江河

古北 SOHO

① 上海市长宁区红宝石路 188 号
② 2013 年
③ 2019 年
④ 16,558 m²
⑤ 158,648 m²
⑥ 169.90 m

⑦ KPF 建筑设计事务所
⑧ 上海长坤房地产开发有限公司
⑨ 2021 行业优秀勘察设计奖建筑设计三等奖；2020 上海市优秀工程勘察设计奖优秀建筑工程设计一等奖
⑩ 邵峰

交通银行金融服务中心（扬州）一期

① 江苏省扬州市广陵区文昌东路
② 2012—2017 年
③ 2017 年
④ 27,200 m²
⑤ 121,200 m²

⑧ 交通银行股份有限公司
⑨ 2020 上海市优秀工程勘察设计奖优秀建筑工程设计一等奖
⑩ 邵峰

中国移动江苏公司镇江分公司物联网产业大厦和第三机房楼

① 江苏省镇江市新行政商务核心区域南徐新城
② 2013 年
③ 2019 年
④ 20,900 m²
⑤ 34,595 m²

⑥ 68.85 m
⑧ 中国移动江苏公司镇江分公司
⑨ 2021 上海市优秀工程勘察设计奖优秀建筑工程设计一等奖
⑩ 尹明

天安金融中心

① 上海市浦东新区世博会地区 A03D-01 地块
② 2015 年
③ 2020 年
④ 7,391 m²
⑤ 69,850 m²
⑥ 79.99 m

⑧ 上海天安财险置业有限公司
⑨ 2023 国家优质工程银奖；2022 白玉兰奖；2021 上海市优秀工程勘察设计奖优秀建筑工程设计三等奖；2021 上海市建筑学会第九届建筑创作奖提名奖
⑩ 章鱼见筑

博华广场

① 上海市静安区新闸路 669 号
② 2013 年
③ 2018 年
④ 17,937 m²
⑤ 183,363 m²
⑥ 249.85 m

⑦ 晋思建筑咨询（上海）有限公司；THORNTON TOM-ASETTI,INC.；上海科进咨询有限公司
⑧ 红风筝（上海）房地产有限公司
⑨ 2019 上海市优秀工程勘察设计奖优秀建筑工程设计一等奖
⑩ 章鱼见筑

深圳汇德大厦

① 广东省深圳市龙华区民塘路 385 号
② 2014 年
③ 2019 年
④ 19,274 m²
⑤ 248,512 m²
⑥ 258 m

⑦ 亨派建筑设计咨询（上海）有限公司（HPP）
⑧ 深圳市地铁集团有限公司
⑨ 2023 上海市优秀工程勘察设计奖优秀建筑工程设计二等奖
⑩ 章鱼见筑

中国人民银行征信中心

① 上海市浦东新区繁昌路 298 号
② 2011—2012 年
③ 2018 年
④ 96,316 m²
⑤ 79,422 m²

⑥ 39.95 m
⑧ 中国人民银行征信中心
⑨ 2013 上海市建筑学会第五届建筑创作奖佳作奖
⑩ 章鱼见筑

沃尔沃汽车（中国）研发中心（二期）

① 上海市嘉定区城北路 3598 号
② 2012 年
③ 2019 年
④ 200,056 m²
⑤ 51,732 m²

⑥ 30.45 m
⑦ Catarc/ 天津规划院
⑧ 上海嘉尔沃投资有限公司
⑨ 2021 行业优秀勘察设计奖建筑设计二等奖
⑩ 本质映像

临港重装备产业区 H36-02 地块项目

① 上海市浦东新区秋山路 1775 弄
② 2016 年
③ 2019 年
④ 28,400 m²
⑤ 206,440 m²
⑥ 24—60 m
⑦ 德国 gmp 国际建筑设计有限公司

⑧ 上海临港新兴产业城经济发展有限公司
⑨ 2021 上海市优秀工程勘察设计奖优秀建筑工程设计一等奖；2021 教育部优秀勘察设计建筑工业化设计二等奖；2020—2021 国家优质工程奖；2019 上海市首届 BIM 技术应用创新大赛最佳项目奖；2018 上海市装配式建筑示范项目（工程类入围）
⑩ 马元；史巍

上汽通用泛亚金桥基地

① 上海市浦东新区巨峰路 2199 弄
② 2013—2017 年
③ 2018 年
④ 127,700 m²
⑤ 142,300 m²

⑧ 上汽通用汽车有限公司
⑨ 2021 行业优秀勘察设计奖建筑设计二等奖；2020 上海市优秀工程勘察设计奖优秀建筑工程设计一等奖；2019—2020 中国建筑学会建筑设计奖二等奖
⑩ 邵峰

中国电子科技集团公司第三十二研究所科研生产基地（嘉定园区）一期工程

① 上海市嘉定区澄浏公路与胜竹路交会处
② 2011—2014 年
③ 2019 年
④ 53,165 m²
⑤ 118,238 m²

⑥ 89.9 m
⑧ 中国电子科技集团第三十二研究所
⑨ 2021 上海市优秀工程勘察设计奖优秀建筑工程设计一等奖
⑩ 邵峰

上海老港再生能源利用中心二期

① 上海市浦东新区老港镇南滨公路 2088 弄 1000 号
② 2016—2018 年
③ 2019 年
④ 400,000 m²
⑤ 141,177 m²

⑦ 中国五洲工程设计集团有限公司
⑧ 上海老港固废综合开发有限公司
⑨ 2021 行业优秀勘察设计奖市政公用工程设计二等奖
⑩ 杰美摄影

江苏省产业技术研究院固定场所建设工程

① 江苏省南京市江北新区产业技术研创园华富路 7 号
② 2017 年
③ 2021 年
④ 70,258 m²
⑤ 100,262 m²

⑥ 26.05 m
⑦ 德国 gmp 国际建筑设计有限公司
⑧ 江苏省产业技术研究院
⑩ 章鱼见筑

阿里云谷

① 浙江省杭州市西湖区三墩镇灯彩街 1008 号
② 2018 年
③ 2021 年
④ 198,187 m²
⑤ 449,099 m²
⑥ 32.65 m

⑦ HPP Architects
⑧ 杭州传裕云鸿科技有限公司
⑨ 2023 上海市优秀工程勘察设计奖优秀建筑工程设计二等奖
⑩ 章鱼见筑

阿里蚂蚁集团总部（蚂蚁 A 空间）

① 浙江省杭州市西湖区西溪路 569 号
② 2015 年
③ 2020 年
④ 88,566 m²
⑤ 312,501 m²

⑥ 48.9 m
⑦ 三菱地所
⑧ 杭州云柯科技有限公司
⑩ 三菱地所

深圳光明科学城启动区

① 广东省深圳市光明区永创路与羌下一路交会处
② 2018—2019 年
③ 2022 年
④ 46,748 m²

⑤ 230,420 m²
⑥ 93.2 m
⑧ 深圳光明区建筑工务署
⑩ 张超

浦东花木行政文化中心 10 号地块商办项目

① 上海市浦东新区花木地区世纪大道和杨高南路的交会处
② 2017 年
③ 在建
④ 43,141 m²
⑤ 389,243 m²

⑥ 180 m
⑦ KPF 建筑设计事务所
⑧ 上海天艺文化投资发展有限公司
⑩ 项目效果图均由 KPF 提供

容东雄安电建智汇城

① 河北省保定市雄安新区容东片区
② 2021 年
③ 在建

④ 605,000 m²
⑤ 1,660,000 m²
⑧ 中电建河北雄安智汇城建设发展有限公司

郑州报业大厦

① 河南省郑州市中原区博体路 1 号
② 2016—2018 年
③ 2021 年
④ 25,888 m²
⑤ 179,284 m²

⑥ 99.25 m
⑧ 郑州郑报置业有限公司
⑨ 2023 上海市优秀工程勘察设计奖优秀建筑工程设计二等奖
⑩ 邵峰

中国银联业务运营中心

① 上海市浦东新区国展路 1899 号
② 2017—2018 年
③ 在建
④ 18,218 m²

⑤ 137,729 m²
⑥ 150 m
⑦ 德国 gmp 国际建筑设计有限公司
⑧ 中国银联股份有限公司

湖南广播电视台节目生产基地及配套设施建设项目

① 湖南省长沙市开福区星光路
② 2016—2018 年
③ 2021 年
④ 63,222 m²

⑤ 224,992 m²
⑦ HPP Architects
⑧ 湖南广播电视台
⑩ 章鱼见筑

上海平凉街道 22 街坊商办项目

① 上海市杨浦区长阳路荆州路交会处
② 2013—2017 年
③ 2017 年
④ 33,364 m²
⑤ 208,361 m²

⑦ 德国 gmp 国际建筑设计有限公司
⑧ 上海盛冠房地产开发有限公司
⑨ 2019 行业优秀勘察设计奖优秀（公共）建筑设计三等奖
⑩ 章鱼见筑

P164

重庆西站

① 重庆市沙坪坝区凤中路 168 号
② 2010—2013 年
③ 2017 年
④ 401,600 m²
⑤ 210,000 m²
⑦ 中铁二院工程集团有限责任公司

⑧ 中国铁路成都局集团有限公司客站建设指挥部
⑨ 2020 第十七届中国土木工程詹天佑奖；2019 行业优秀勘察设计奖优秀（公共）建筑设计一等奖；2019 上海市优秀工程勘察设计奖优秀建筑工程设计一等奖
⑩ 马元

P168

兰州中川国际机场三期扩建工程

① 甘肃省兰州市永登县中川镇
② 2019 年
③ 在建
④ 3,000,000 m²（含飞行区）

⑤ 400,000 m²
⑥ 44.75 m
⑦ 民航机场规划设计研究总院有限公司
⑧ 甘肃省民航机场集团有限公司

P170

兰州中川国际机场综合交通枢纽

① 甘肃省兰州市永登县中川镇
② 2014 年
③ 2017 年
④ 129,000 m²

⑤ 地上 60,000 m²，地下 50,000 m²
⑧ 甘肃省民航机场集团有限公司
⑨ 2019 行业优秀勘察设计奖优秀（公共）建筑设计三等奖
⑩ 邵峰

P174

上海市轨道交通 18 号线一期工程

① 上海市杨浦区
② 2014 年
③ 2021 年

⑤ 46,669 m²
⑧ 上海申通地铁集团有限公司
⑩ SFAP

P176

新建郑州航空港站

① 河南省郑州市中牟县航空港区 107 国道坡刘村
② 2017 年
③ 2022 年
④ 472,917 m²

⑤ 150,000 m²
⑧ 中国铁路郑州局集团有限公司
⑨ 2023 上海市建筑学会第十届建筑创作奖优秀奖
⑩ 章鱼见筑

台州路桥机场

① 浙江省台州市路桥区东迎宾大道 1 号
② 2018 年
③ 在建
④ 130,000 m²
⑤ 35,000 m²
⑦ 上海民航新时代机场设计研究院有限公司
⑧ 台州机场投资发展有限公司

上海吴淞口国际邮轮码头客运楼

① 上海市吴淞口国际邮轮码头
② 2015 年
③ 2019 年
⑤ 55,408 m²
⑦ 中交第三航务工程勘察设计院有限公司
⑧ 上海吴淞口国际邮轮港发展有限公司
⑨ 2019 上海市建筑学会第八届建筑创作奖佳作奖
⑩ 邵峰

苏州市轨道交通黄天荡指挥控制中心

① 江苏省苏州市苏州工业园区金鸡湖大道 1661 号
② 2015—2018 年
③ 2021 年
④ 15,370 m²
⑤ 100,863 m²
⑧ 苏州市轨道交通集团有限公司
⑨ 2023 教育部优秀工程勘察设计奖建筑设计三等奖
⑩ 章鱼见筑

新建敦白铁路长白山站站房

① 吉林省安图县二道白河镇
② 2020 年
③ 2021 年
④ 整体统筹
⑤ 29,998 m²
⑦ 中国铁路设计集团有限公司
⑧ 长吉城际铁路有限责任公司
⑨ 2023 上海市优秀工程勘察设计奖优秀建筑工程设计三等奖
⑩ 章鱼见筑

上海市轨道交通 14 号线工程

① 上海市
② 2012 年
③ 2022 年
⑤ 104,864 m²
⑧ 上海申通地铁集团有限公司
⑩ SFAP

景德镇浮梁体育中心 `P180`

① 江西省景德镇市浮梁县新区浮梁大道
② 2017—2018 年
③ 2018 年
④ 38,461 m²
⑤ 22,474 m²，其中地上 13,257 m²，地下 9,217 m²
⑧ 浮梁县教育体育局

上海崇明体育训练基地综合游泳馆 `P182`

① 上海市崇明区陈家镇
② 2014 年
③ 2019 年
④ 558,921 m²
⑤ 16,995 m²
⑧ 上海体育职业学院
⑨ 2021 行业优秀勘察设计奖建筑设计三等奖；2020 上海市优秀工程勘察设计奖优秀建筑工程设计一等奖；2019—2020 中国建筑学会建筑设计奖公共建筑一等奖；2019 教育部优秀工程勘察设计规划设计一等奖
⑩ 章鱼见筑

遵义市奥林匹克体育中心 `P184`

① 贵州省遵义市新蒲新区奥体路
② 2015 年
③ 2018 年
④ 408,531 m²
⑤ 133,486 m²
⑧ 遵义市新区开发投资有限责任公司
⑨ 2020 上海市优秀工程勘察设计奖优秀建筑工程设计二等奖
⑩ 马元

P186

滁州高教科创城文体活动中心手球馆

① 安徽省滁州市南谯区汇智路与文慧路交叉会处　　⑧ 滁州高教科创城建设投资发展有限公司
② 2017 年　　⑨ 2021 上海市优秀工程勘察设计奖优秀建筑工程设计一
③ 2020 年　　　等奖
④ 168,292 m²　　⑩ 马元
⑤ 24,786 m²

P190

同济大学嘉定校区体育中心

① 上海市嘉定区曹安公路 4800 号同济大学嘉定校区　　⑤ 地上 12,159 m²，地下 1,251 m²
② 2013 年　　⑧ 同济大学
③ 2017 年　　⑨ 2019 行业优秀勘察设计奖优秀（公共）建筑设计一等奖
④ 47,284 m²　　⑩ 马元

P192

清远市奥林匹克中心

① 广东省清远市清城区东城街道　　⑧ 清远市代建项目管理局 / 清远保泓置业有限公司
② 2019 年　　⑨ 2023 上海市优秀工程勘察设计奖优秀建筑工程设计一等
③ 2022 年　　　奖；2022 第十五届"中国钢结构金奖"
④ 649,651 m²　　⑩ 马元
⑤ 129,626 m²

P196

杭州第 19 届亚运会桐庐马术中心

① 浙江省杭州市桐庐县瑶琳镇　　⑦ Populous（方案顾问）+ 浙江省建筑设计研究院（施工
② 2018 年　　　图阶段）
③ 2022 年　　⑧ 杭州富春马业投资发展有限公司
④ 271,045 m²　　⑨ 2023 浙江省勘察设计行业优秀勘察设计三等奖
⑤ 53,732 m²　　⑩ 邱日培

P198

昆山市专业足球场

① 江苏省苏州市昆山市开发区东城大道　　⑤ 135,092 m²
② 2020 年　　⑦ 德国 gmp 国际建筑设计有限公司
③ 2023 年　　⑧ 昆山卓越体育文化发展有限公司
④ 200,000 m²

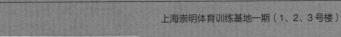

青浦体育文化活动中心（一期）

① 上海市青浦区汇金路与秀泽路交叉会处　　⑧ 上海市青浦区体育局
② 2014 年　　⑨ 2021 教育部优秀勘察设计建筑设计二等奖；2021 行业
③ 2019 年　　　优秀勘察设计奖建筑设计三等奖
④ 23,600 m²　　⑩ 章鱼见筑
⑤ 30,880 m²

上海崇明体育训练基地一期（1、2、3 号楼）

① 上海市崇明区陈家镇　　⑨ 2021 行业优秀勘察设计奖建筑设计二等奖；2020 上海
② 2013—2016 年　　　市优秀工程勘察设计奖优秀建筑工程设计一等奖；2019—
③ 2019 年　　　2020 中国建筑学会建筑设计奖公共建筑二等奖；2019 上
④ 558,920 m²　　　海市建筑学会第八届建筑创作奖优秀奖
⑤ 46,200 m²　　⑩ 章鱼见筑
⑧ 上海体育职业学院

山西芮城文化体育公园

① 山西省芮城县北郊
② 2013—2014 年
③ 2018 年
④ 37,578 m²
⑤ 17,259 m²

⑧ 芮城县住房保障和城乡建设管理局
⑨ 2020 上海市优秀工程勘察设计奖优秀建筑工程设计一等奖；2020-2021 国家优质工程奖；山西省优秀工程勘察设计项目优秀建筑设计奖；
⑩ 张嗣烨

如东县体育中心

① 江苏省南通市如东县解放路与长江路交会处
② 2013 年
③ 在建
④ 125,216 m²
⑤ 35,593 m²

⑧ 如东县体育局
⑨ 2019 上海市建筑学会第八届建筑创作奖优秀奖；2020 上海市优秀工程勘察设计奖优秀建筑工程设计
⑩ 邵峰

P202

安徽艺术学院美术楼

① 安徽省合肥市新站区淮海大道 1600 号
② 2014 年
③ 2018 年
④ 14,929 m²
⑤ 15,370 m²
⑧ 安徽艺术学院

⑨ 2019—2020 中国建筑学会建筑设计奖公共建筑一等奖；2019 教育部优秀工程勘察设计公共建筑一等奖；2019 行业优秀勘察设计奖优秀（公共）建筑设计二等奖；2019 香港建筑师学会两岸四地建筑设计大奖教育及宗教类项目金奖；2019 上海市建筑学会第八届建筑创作奖优秀奖
⑩ 吴清山

P206

中国地质大学（武汉）未来城校区环境楼

① 湖北省武汉市东湖新技术开发区锦程路 68 号
② 2014 年
③ 2019 年
④ 14,460 m²
⑤ 28,170 m²

⑧ 中国地质大学（武汉）
⑨ 2021 教育部优秀勘察设计建筑设计三等奖；2021 上海市建筑学会第九届建筑创作奖提名奖
⑩ 马元；杰美摄影

P210

四川外国语大学成都学院宜宾校区

① 四川省宜宾市三江新区大学路三段 216 号
② 2019 年
③ 2020 年（一期）
④ 333,300 m²

⑤ 338,016 m²
⑧ 宜宾市科教产业投资集团有限公司
⑩ 章鱼见筑

P212

双河镇九年义务制学校震后重建与复兴

① 四川省宜宾市长宁县双河镇街
② 2019 年
③ 2021 年
④ 53,362 m²

⑤ 31,310 m²
⑧ 四川省宜宾市长宁县教育和体育局
⑨ 2021 教育部优秀勘察设计建筑设计一等奖
⑩ 章鱼见筑

P214

复旦大学新江湾第二附属学校

① 上海市杨浦区新江湾城绥芬河路恒学路
② 2017 年
③ 2019 年
④ 38,392 m²
⑤ 49,930 m²

⑧ 上海城投（集团）有限公司
⑨ 2021 上海市优秀工程勘察设计奖优秀建筑工程设计二等奖
⑩ 马元

P216

苏州山峰双语学校

① 江苏省苏州市相城区元和街道
② 2019—2021 年
③ 2022 年
④ 43,431 m²

⑤ 59,086 m²
⑧ 上海山峰教育集团
⑩ 苏圣亮

P218

上海市公共安全教育实训基地

① 上海市青浦区朱家角镇东方绿舟内
② 2013—2018 年
③ 2018 年
④ 65,068 m²
⑤ 26,467 m²

⑦ 德国 gmp 国际建筑设计有限公司
⑧ 上海市青少年校外活动营地——东方绿舟
⑨ 2021 上海市优秀工程勘察设计奖优秀建筑工程设计一等奖
⑩ 章鱼见筑

P220

泉州市东海学园机关幼儿园

① 福建省泉州市丰泽区府东路
② 2016 年
③ 2018 年
④ 12,234 m²
⑤ 12,311 m²

⑧ 泉州市东海投资管理有限公司
⑨ 2020 上海市优秀工程勘察设计奖优秀建筑工程设计一等奖
⑩ 章鱼见筑

北京学校

① 北京市通州区潞阳大街 35 号
② 2018—2019 年
③ 2022 年
④ 200,131 m²
⑤ 200,288 m²

⑧ 北京学校
⑨ 2023 上海市优秀工程勘察设计奖优秀建筑工程设计三等奖；2023 工程建设项目设计水平评价二等成果
⑩ 马元

青岛金家岭学校

① 山东省青岛市崂山区苗岭路 3 号
② 2016 年
③ 2017 年
④ 53,300 m²

⑤ 125,900 m²
⑧ 青岛灏智开发建设有限公司
⑨ 2019 教育部优秀工程勘察设计公共建筑三等奖
⑩ 邵峰

青岛中学中学部

① 山东省青岛市高新区华中路 111 号
② 2016 年
③ 2017 年
④ 168,700 m²
⑤ 205,000 m²

⑧ 青岛高新区投资开发集团有限公司
⑨ 2019 上海市优秀工程勘察设计奖优秀建筑工程设计三等奖
⑩ 邵峰

上海音乐学院零陵路校区新建教学区和音乐创作与实践基地

① 上海市徐汇区零陵路 530 号
② 2013 年
③ 2019 年
④ 19,278 m²
⑤ 50,176 m²

⑦ 法国何斐德建筑设计公司
⑧ 上海音乐学院
⑨ 2021 上海市优秀工程勘察设计奖优秀建筑工程设计二等奖
⑩ 史巍

苏州高新区实验幼儿园御园分园

① 江苏省苏州市虎丘区邓尉路与山景路交会处
② 2017 年
③ 2018 年
④ 8,000 m²
⑤ 13,800 m²

⑧ 苏州国家高新技术产业开发区狮山街道办事处
⑨ 2020 上海市优秀工程勘察设计奖优秀建筑工程设计一等奖；2019 上海市建筑学会第八届建筑创作奖优秀奖
⑩ 章鱼见筑

P222

上海市公共卫生临床中心应急救治临时医疗用房

① 上海市金山区漕廊公路 2901 号
② 2020 年 1 月 29 日
③ 2020 年 2 月 23 日
④ 115,304 m²
⑤ 9,710 m²

⑥ 200 床
⑧ 上海市公共卫生临床中心
⑨ 2021 行业优秀勘察设计奖新冠肺炎应急救治设施设计奖二等奖
⑩ 章鱼见筑

P224

上海市第一人民医院改扩建

① 上海市虹口区武进路 85 号
② 2012—2015 年
③ 2017 年
④ 4,740 m²
⑤ 47,735 m²
⑥ 300 床

⑧ 上海市第一人民医院
⑨ 2021 行业优秀勘察设计奖建筑设计一等奖；2020 上海市优秀工程勘察设计奖优秀建筑工程设计一等奖；2019 上海市建筑学会第八届建筑创作奖优秀奖
⑩ 章鱼见筑

P228

苏州市第九人民医院

① 江苏省苏州市吴江区芦荡路松陵大道西北角
② 2014 年
③ 2019 年
④ 163,245 m²
⑤ 地上：224,283 m²；地下：83,369 m²

⑥ 200 床
⑧ 苏州市第九人民医院
⑨ 2021 教育部优秀勘察设计建筑设计三等奖；2015 上海市建筑学会第六届建筑创作奖佳作奖
⑩ 邵峰

P230

湖南妇女儿童医院

① 湖南省长沙市岳麓区潭州大道一段 626 号
② 2015 年
③ 2022 年
④ 93,353 m²
⑤ 143,447 m²

⑥ 718 床
⑧ 湖南妇女儿童医院有限公司
⑨ 2022 湖南省优秀工程勘察设计奖三等奖
⑩ 马元

P232

上海市第一人民医院眼科临床诊疗中心

① 上海市虹口区海宁路 100 号地块
② 2017—2022 年
③ 2023 年
④ 26,031 m²

⑤ 99,843 m²
⑥ 550 床
⑧ 上海市第一人民医院
⑩ 章鱼见筑

P234

复旦大学附属妇产科医院（红房子医院）青浦分院

① 上海市青浦区浦泰路 1003 号
② 2018 年
③ 2023 年
④ 64,000 m²
⑤ 86,000 m²

⑥ 500 床
⑦ 上海民防建筑研究设计院有限公司
⑧ 上海市青浦区卫生健康委员会
⑩ 尹明

P238

中国医学科学院肿瘤医院深圳医院改扩建工程（二期）

① 广东省深圳市龙岗区宝荷路
② 2019 年
③ 在建
④ 96,403 m²
⑤ 220,964 m²

⑥ 1200 床
⑧ 深圳市建筑工务署
⑨ 第十一届"创新杯"建筑信息模型（BIM）应用大赛医疗类 BIM 应用一等成果

P240

中国人寿苏州阳澄湖半岛养老养生社区

① 江苏省苏州市工业园区绿汀路与汀舟路交会处
② 2015 年
③ 2019 年
④ 10,520 m²

⑤ 109,510 m²
⑦ 施坦伯格建筑咨询（上海）有限公司
⑧ 国寿（苏州）养老养生投资有限公司

云南红河州第一人民医院整体迁建

① 云南省红河州红河大道以南，纵五路以西
② 2014 年
③ 2019 年
④ 201,821 m²
⑤ 388,102 m²

⑥ 2000 床
⑧ 红河州第一人民医院
⑨ 2021 上海市建筑学会第九届建筑创作奖提名奖
⑩ 马元

安徽省公共卫生临床中心（芜湖）

① 芜湖市江北新兴产业集中区大龙湾片区
② 2020 年
③ 在建

④ 125,700 m²
⑤ 170,304 m²
⑧ 芜湖金晖宜江健康产业投资有限公司

P244

上海嘉定凯悦酒店及商业文化中心

① 上海市嘉定区嘉定新城裕民南路 1366 号
② 2009 年
③ 2018 年
④ 25,848 m²
⑤ 163,997 m²
⑥ 195.80 m

⑦ 安藤忠雄建筑研究所
⑧ 上海保利茂佳房地产开发有限公司
⑨ 2020 上海市优秀工程勘察设计奖优秀建筑工程设计一等奖
⑩ 章鱼见筑

P246

厦门宝龙国际中心

① 福建省厦门市思明区吕岭路 1599 号
② 2013—2016 年
③ 2019 年
④ 44,210 m²
⑤ 94,246 m²

⑦ JERDE 捷得建筑师事务所
⑧ 宝龙集团发展有限公司
⑨ 2020 上海市优秀工程勘察设计奖优秀建筑工程设计一等奖
⑩ 马元

P250

上海久光中心

① 上海市静安区共和新路 2188 号
② 2012—2017 年
③ 2021 年
④ 50,153 m²
⑤ 348,338 m²
⑦ 日宏（上海）建筑设计咨询有限公司；联网建筑设计咨询（上海）有限公司
⑧ 利福国际

⑨ 2023 德国设计奖（German Design Award）卓越建筑设计特别表彰奖；2023 上海市优秀工程勘察设计奖优秀建筑工程设计一等奖；2022 美国 AMP 建筑大师奖；2022 亚洲 MIPIM Asia Award 最佳零售开发项目铜奖；2022 第八届 CREDAWARD 地产设计大奖综合商办项目购物中心银奖；2022 第三届普罗奖 PRO+Award 商办项目 & 外立面金奖；2022 德国标志性设计奖（ICONIC AWARDS: Innovative Architecture）精选奖；2018 中国勘察设计协会第九届"创新杯"建筑信息模型（BIM）应用大赛商业综合体类 BIM 应用第二名
⑩ 马元

P254

前滩太古里

① 上海市浦东新区前滩东育路 500 弄
② 2015—2020 年
③ 2020 年
④ 59,283 m²
⑤ 208,496 m²

⑦ 5+DESIGN；梁黄顾建筑师（香港）事务所有限公司
⑧ 上海前绣实业有限公司
⑨ 2023 上海市优秀工程勘察设计奖优秀建筑工程设计二等奖；2022 香港优质建筑大奖
⑩ 尹明

P258

上海国际旅游度假区精品购物村

① 上海市浦东新区申迪东路 88 号
② 2013 年
③ 2016 年
④ 144,535 m²
⑤ 56,874 m²

⑦ JRDV URBAN INTERNATIONAL
⑧ 上海申迪（集团）有限公司
⑨ 2017 上海市优秀工程勘察设计奖优秀建筑工程设计三等奖
⑩ 邵峰

P260

沣东新城中国国际丝路中心

① 陕西省西安市西咸新区沣东新城
② 2017—2020 年
③ 在建
④ 32,258 m²

⑤ 385,036 m²
⑦ Skidmore, Owings & Merrill（SOM）
⑧ 绿地集团西安沣河置业有限公司
⑩ 效果图版权 Skidmore, Owings & Merrill（SOM）

陆家嘴滨江中心

① 上海市浦东新区浦明路 1436 号
② 2016—2019 年
③ 2019 年
④ 23,796 m²
⑤ 113,898 m²
⑥ 140.0m / 66.53m / 54.90m / 18.75m / 14.25m

⑦ 德国 gmp 国际建筑设计有限公司
⑧ 上海申万置业有限公司
⑨ 2022 普罗奖商业建筑银奖；2021 上海市优秀工程勘察设计奖优秀建筑工程设计一等奖；2021 行业优秀勘察设计奖建筑设计三等奖
⑩ 章鱼见筑

P264

嘉兴火车站区域提升改造

① 浙江省嘉兴市南湖区城东路
② 2018—2020 年
③ 2021—2022 年（分地块陆续竣工）
④ 354,000 m²
⑤ 298,000 m²

⑦ MAD 建筑设计事务所
⑧ 嘉兴市
⑨ 2023 WA 中国建筑奖城市贡献奖优胜奖；2021 第二届地下空间创新大赛优秀设计项目第二名
⑩ 章鱼见筑

P268

宝庆路 20 号 1、2、3、4 号楼优秀历史建筑装修修缮工程

① 上海市徐汇区宝庆路 20 号
② 2017 年
③ 2023 年
④ 9,048 m²

⑤ 8,856 m²
⑦ 上海章明建筑设计事务所（有限合伙）
⑧ 光明食品集团上海置地有限公司
⑩ 马元

P272

上海音乐厅修缮工程

① 上海市黄浦区延安东路 523 号
② 2019 年
③ 2020 年
④ 3,963 m²
⑤ 12,986 m²
⑦ 上海章明建筑设计事务所（有限合伙）

⑧ 上海音乐厅
⑨ 2021 上海市土木工程学会科技进步奖一等奖；2021 上海市建设工程白玉兰奖（市优质工程）；2021 第十六届中照照明奖一等奖；2020 上海市既有建筑绿色更新改造评定铂金奖
⑩ 马元

P274

梅林正广和大楼改造工程

① 上海市杨浦区济宁路 18 号
② 2017 年
③ 2019 年
④ 7,763 m²
⑤ 7,137 m²

⑧ 上海广林物业管理有限公司
⑨ 2021 教育部优秀勘察设计传统建筑设计一等奖；2021 上海市建筑学会第九届建筑创作奖佳作奖；2019 上海市既有建筑绿色更新改造评定银奖
⑩ 马元

P278

绿之丘：上海杨浦区杨树浦路 1500 号改造

① 上海市杨浦区杨树浦路 1500 号
② 2016 年
③ 2019 年
④ 13,700 m²
⑤ 17,500 m²
⑧ 上海杨浦滨江投资开发有限公司

⑨ 2021 上海市建筑学会第九届建筑创作奖优秀奖；2020 亚洲建筑师协会综合类建筑荣誉提名奖；2021 WAF Mixed Use-Completed Buildings 类别入围奖；2020 WAF China 评审团特别推荐作品奖；2020 首届三联人文城市生态贡献奖；2019 上海市既有建筑绿色更新改造评定金奖；2020 美好生活长三角公共文化空间创新设计大赛百佳文化空间跨界文化空间奖
⑩ 章鱼见筑

P282

宁波院士中心

① 浙江省宁波市鄞州区东钱湖镇陶公路
② 2019—2020 年
③ 2020 年
④ 35,046 m²
⑤ 24,055 m²

⑥ 24 m
⑧ 宁波东钱湖文化旅游发展集团有限公司
⑨ 2023 上海市优秀工程勘察设计奖优秀建筑工程设计一等奖
⑩ 尹明

P286

汨罗屈原博物馆一期：屈子书院

① 湖南省汨罗市屈子文化园内
② 2010—2016 年
③ 2018 年
④ 48,481 m²
⑤ 4,355 m²

⑧ 汨罗市屈子文化园建设开发有限公司
⑨ 2019 上海市建筑学会第八届建筑创作奖优秀奖；2019—2020 中国建筑学会建筑设计奖历史文化保护传承创新奖二等奖
⑩ 张嗣烨；赵英勋；马松瑞

P288

汨罗屈原博物馆二期：楚辞文化交流中心

① 湖南省汨罗市屈子文化园内
② 2010—2018 年
③ 2022 年
④ 55,876 m²

⑤ 11,445 m²
⑧ 汨罗市屈子文化园建设开发有限公司
⑩ 赵英勋；马松瑞

P290

海口骑楼街区再生工程

① 海南省海口市龙华区中山路、博爱北路、新华北路
② 2010 年
③ 2018 年
④ 37,475 m²
⑤ 83,249 m²
⑦ 海南华磊建筑设计咨询有限公司（施工图）

⑧ 海口骑楼老街投资开发有限公司；海口旅游文化投资控股集团有限公司
⑨ 2019—2020 中国建筑学会建筑设计奖历史文化保护传承创新一等奖；2019 上海市建筑学会第八届建筑创作奖优秀奖
⑩ 张嗣烨；项目工作组；部分照片由业主提供

P292

衍庆里仓库装修及外立面修缮工程

① 上海市黄浦区南苏州路 955 号及 979 号
② 2017 年
③ 2018 年
④ 2,498 m²
⑤ 6,233 m²
⑥ 15.7 m

⑦ 博埃里建筑设计咨询（上海）有限公司
⑧ 上海百联盈石企业管理有限公司
⑨ 2019 上海市建筑学会第八届建筑创作奖城市更新（历史建筑保护及再利用）类优秀奖；2019 上海建筑装饰设计大赛"尚·奖"一等奖
⑩ 筑作建筑空间摄影

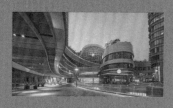

上海白玉兰广场二次改造工程   P294

① 上海市虹口区东大名路 555 号
② 2017—2018 年
③ 2018 年
④ 56,000 m²
⑤ 420,000 m²

⑦ BENOY HMA
⑧ 上海金港北外滩置业有限公司
⑨ 2020 中国建筑工程装饰奖
⑩ 筑作建筑空间摄影

复旦大学邯郸校区相辉堂改扩建工程

① 上海市杨浦区邯郸路 220 号
② 2016—2019 年
③ 2019 年
④ 5,899 m²

⑤ 5,047 m²
⑧ 复旦大学
⑨ 2019—2020 中国建筑学会建筑设计奖一等奖
⑩ 章鱼见筑

上海第一百货商业中心六合路商业街

① 上海市黄浦区南京东路 800 号
② 2016—2018 年
③ 2018 年
④ 16,580 m²
⑤ 1,880 m²

⑧ 上海市百联集团股份有限公司
⑨ 2021 教育部优秀勘察设计建筑设计三等奖；2019—2020 中国建筑学会建筑设计奖一等奖；2019 香港建筑师学会两岸四地建筑设计大奖银奖
⑩ 章鱼见筑

深圳茅洲河碧道试点段建设项目   P298

① 广东省深圳市塘下涌至周家大道
② 2019 年
③ 2020 年

④ 837,400 m²
⑧ 深圳市水务局
⑩ 张学涛；吴其平

深圳茅洲河碧道燕罗体育公园   P300

① 广东省深圳市宝安区东牛角路
② 2020 年
③ 2021 年
④ 46,000 m²
⑤ 1,460 m²

⑧ 深圳市水务局
⑨ 2023 教育部优秀工程勘察设计园林景观一等奖；2021 亚洲建筑师协会公共文化类荣誉提名奖
⑩ 章鱼见筑

杨浦滨江公共空间示范段   P302

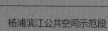

① 上海市杨浦区杨树浦路
② 2015 年
③ 2016 年
④ 38,000 m²
⑦ 上海市政工程设计研究总院（集团）有限公司；上海市城市建设设计研究总院（集团）有限公司
⑧ 杨浦滨江投资发展有限公司

⑨ 2019 WAF 年度景观大奖；2018 亚洲建筑师协会建筑奖金奖；2017—2018 中国建筑学会建筑设计奖景观园林类一等奖；2018 WAACA 中国建筑奖 WA 城市贡献奖佳作奖；2017 上海市建筑学会第七届建筑创作奖园林景观类优秀奖
⑩ 章鱼见筑；苏圣亮；占长恒

杨树浦电厂遗迹公园   P306

① 上海市杨浦区杨树浦路 2800 号
② 2015 年
③ 2019 年
④ 36,000 m²
⑤ 770 m²
⑦ 上海中交水运设计有限公司
⑧ 上海杨浦滨江投资开发有限公司

⑨ 2021 第 11 届罗莎·芭芭拉大众奖；2021 行业优秀勘察设计奖园林景观与生态环境设计三等奖；2021 教育部优秀勘察设计园林景观与生态环境设计一等奖；2021 上海市建筑学会第九届建筑创作奖优秀奖；2019—2020 中国建筑学会建筑设计奖历史环境类一等奖
⑩ 章鱼见筑

P310

第十一届中国（郑州）国际园林博览会 B 区暨双鹤湖中央公园

① 河南省郑州市航空港经济综合实验区南部
② 2014—2017 年
③ 2017 年
④ 1,491,000 m²
⑤ 32,727 m²

⑧ 郑州航空港双鹤湖建设发展有限公司
⑨ 2020 上海市优秀工程勘察设计奖园林和景观设计一等奖；2019 上海市建筑学会第八届建筑创作奖佳作奖
⑩ 席琦；卢团伟

P312

黄浦江沿岸新华滨江绿地

① 上海市浦东新区东方路和民生路间
② 2017 年
③ 2018 年
④ 116,000 m²

⑤ 10,210 m²（建筑）；81,210 m²（绿地）
⑦ West 8 urban design & landscape architecture b.v.
⑧ 上海富洲滨江开发建设投资有限公司
⑨ 2021 上海市优秀工程勘察设计奖园林和景观设计一等奖

P314

上海和平公园改建工程

① 上海市虹口区天宝路 891 号
② 2020 年
③ 2023 年
④ 163,400 m²

⑤ 11,931 m²（建筑）；82,133 m²（绿地）；29,819 m²（水域）
⑧ 上海市虹口区绿化管理事务中心
⑩ 邵峰

P318

苏州河南岸黄浦区段滨河公共空间（九子公园）改造

① 上海市黄浦区成都北路 1018 号
② 2018—2019 年
③ 2020 年
④ 6,938 m²
⑤ 235 m²（纸鸢屋）126 m²（亭厕）

⑧ 上海市黄浦区绿化管理所
⑨ 2021 教育部优秀勘察设计园林景观与生态环境设计一等奖；2021 行业优秀勘察设计奖园林景观与生态环境设计二等奖
⑩ 章鱼见筑

P324

汾东新区通达桥改造工程

① 山西省太原市
② 2018 年
③ 2019 年
⑥ 主桥跨径 416 m，主线全长 1,802 m

⑦ 太原市市政工程设计院
⑧ 太原市市政建设开发中心
⑨ 2021 教育部优秀勘察设计市政公用工程设计一等奖；2021 行业优秀勘察设计奖市政公用工程设计三等奖

P328

大同市开源街御河桥

① 山西省大同市
② 2014 年
③ 2018 年
⑥ 主桥跨径 276 m，主线全长 2,700 m

⑧ 大同市市政建设发展公司
⑨ 2021 国家优质工程奖；2020 上海市优秀工程勘察设计奖优秀市政公用工程二等奖
⑩ 本质映像

P330

大同市北环路御河桥

① 山西省大同市
② 2014 年
③ 2016 年
⑥ 主桥跨径 256m，主线全长 3,700m

⑧ 大同市市政建设发展公司
⑨ 2019 中国勘察设计协会优秀市政公用工程设计一等奖；2019 上海市优秀工程勘察设计奖道路、桥梁一等奖
⑩ 张嗣烨

P332

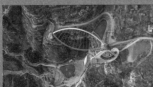

潭溪山玻璃景观人行桥

① 山东省淄博市淄川区潭溪山风景区
② 2015 年
③ 2017 年
⑥ 桥面跨径 109m

⑧ 山东潭溪山旅游发展有限公司
⑨ 2020 第 37 届国际桥梁大会（IBC）亚瑟·海顿奖；2019 IStructE Structural Awards 人行桥梁大奖
⑩ 章鱼见筑

台州市椒江二桥 P336

① 浙江省台州市
② 2009 年
③ 2018 年
⑥ 主桥跨径 900m，全长约 8,200m
⑦ 台州市交通勘察设计院有限公司

⑧ 台州市椒江大桥实业有限公司
⑨ 2021 上海市优秀工程勘察设计奖优秀市政公用工程一等奖；2021 行业优秀勘察设计奖市政公用工程设计一等奖
⑩ 本质映像

太原市摄乐大桥 P338

① 山西省太原市
② 2016 年
③ 2016 年
⑥ 主桥跨径 360m，全长约 1,600m
⑦ 太原市市政工程设计研究院
⑧ 太原市城市建设管理中心

⑨ 2020 第十四届中国钢结构金奖；2019 教育部优秀工程勘察设计市政公用工程一等奖；2019 行业优秀勘察设计奖优秀市政公用工程设计一等奖；2017 上海市建筑学会建筑创作优秀奖
⑩ 樊晔亲

衢州市书院大桥

① 浙江省衢州市
② 2015 年
③ 2017 年
⑥ 主桥跨径 300m，全长约 692m

⑧ 衢州市市政工程管理处
⑨ 2020 上海市优秀工程勘察设计奖优秀市政公用工程一等奖；2019 上海市土木工程学会工程二等奖

茅洲河碧道燕罗人行桥

① 广东省深圳市宝安区
② 2019 年
③ 2020 年
⑥ 主桥跨径 136m

⑧ 深圳市水务局茅洲河流域管理中心；华润（深圳）有限公司（代建）
⑨ 2019 同济设计集团结构创新奖一等奖
⑩ 尹明

临淄区大数据产业园产业研究及规划设计项目 P342

① 山东省淄博市临淄区
② 2020 年
③ 未建成
④ 1,950,000 m²
⑤ 2,100,000 m²

⑧ 山东省淄博市临淄区工信局；山东爱特云翔信息技术有限公司
⑨ 2023 教育部优秀工程勘察设计规划设计一等奖；2023 上海市建筑学会第十届建筑创作奖城乡规划与城市设计佳作奖

奉贤新城上海之鱼周边城市设计 P344

① 上海市奉贤区
② 2017—2018 年
③ 2018 年
④ 9,581,000 m²

⑤ 8,000,000 m²
⑧ 上海奉贤新城建设发展有限公司
⑨ 2019—2020 中国建筑学会建筑设计奖城市设计三等奖；2019 上海市建筑学会第八届建筑创作奖提名奖

重庆市主城区"两江四岸"治理提升工程 P346

① 重庆市两江四岸嘉陵江段
② 2019—2022 年
③ 2020 年（批复时间）

④ 2,490,000 m²
⑧ 重庆市城市建设投资（集团）有限公司
⑨ 国际方案征集第一名

青岛国际邮轮港 P348

① 山东省青岛市市北区青岛港旁
② 2019 年
③ 在建

④ 4,200,000 m²
⑤ 5,400,000 m²
⑧ 青岛环海湾开发建设有限公司

朝天门解放碑片区城市更新提升规划方案

① 重庆市渝中区　　　　　　　　　　④ 3,800,000 m²
② 2021—2022 年　　　　　　　　　　⑧ 重庆解放碑中央商务区管理委员会
③ 2022 年

北京吉利学院整体搬迁成都工程

① 四川省成都市简州新城　　　　　　⑧ 成都铭福教育投资有限公司
② 2018 年　　　　　　　　　　　　　⑨ 2021 教育部优秀工程勘察设计规划设计一等奖；2021
③ 2020 年　　　　　　　　　　　　　上海市建筑学会第九届建筑创作奖佳作奖；入选教育部规
④ 1,294,200 m²　　　　　　　　　　划发展中心《新时代高校优秀校园规划图集》
⑤ 1,266,460 m²

四川城市职业学院眉山新校区

① 四川省眉山市东坡区岷东大道南段 1 号　　⑨ 2021 教育部优秀工程勘察设计规划设计一等奖；2021
② 2014 年　　　　　　　　　　　　　四川省第三届"李冰奖·绿色建筑"一等奖（图书馆）；
③ 2022 年　　　　　　　　　　　　　2020 四川省优秀工程勘察设计二等奖（公共教学楼）；
④ 492,703 m²　　　　　　　　　　　入选教育部规划发展中心《新时代高职校园优秀校园与建
⑤ 478,103 m²　　　　　　　　　　　筑图集》
⑧ 四川城市职业学院

中国科学技术大学高新园区

① 安徽省合肥市蜀山区合肥高新技术产业开发区创新大道　⑧ 合肥量子信息与量子科技创新研究院暨中科大高新园区
② 2017 年　　　　　　　　　　　　　建设有限公司
③ 2021 年（一期）　　　　　　　　　⑨ 2023 教育部优秀工程勘察设计规划设计一等奖
④ 713,409 m²　　　　　　　　　　　⑩ 马元
⑤ 819,309 m²

中国海洋大学西海岸校区

① 山东省青岛市西海岸新区古镇口　　⑤ 1,851,000 m²
② 2017 年　　　　　　　　　　　　　⑦ 青岛腾远设计事务所有限公司
③ 2022 年　　　　　　　　　　　　　⑧ 中国海洋大学
④ 1,886,000 m²　　　　　　　　　　⑨ 2023 教育部优秀勘察设计规划设计三等奖

电子科技大学长三角研究院（衢州）总体规划

① 浙江省衢州市高铁新城智慧产业园，锦西大道以西、常山港　⑤ 156,000 m²
以北　　　　　　　　　　　　　　　⑧ 衢州市智慧产业投资发展有限公司
② 2020 年　　　　　　　　　　　　　⑨ 2023 教育部优秀勘察设计奖规划设计类三等奖
③ 2022 年　　　　　　　　　　　　　⑩ 章鱼见筑
④ 144,894 m²

中国地质大学（武汉）未来城校区修建性详细规划

① 湖北省武汉市东湖国家自主创新区的未来科技城东部　⑤ 573,400 m²
② 2013 年　　　　　　　　　　　　　⑧ 中国地质大学（武汉）
③ 2019 年　　　　　　　　　　　　　⑨ 2021 教育部优秀工程勘察设计规划设计二等奖；2021
④ 471,426 m²　　　　　　　　　　　上海市建筑学会第九届建筑创作奖佳作奖

瑞立文化商业广场商住办项目

① 上海市嘉定区安亭镇米泉路博园路　⑤ 215,358 m²
② 2012 年　　　　　　　　　　　　　⑧ 上海瑞立佳业房地产开发有限公司
③ 2016 年　　　　　　　　　　　　　⑨ 2018 上海市优秀住宅设计一等奖
④ 44,085 m²　　　　　　　　　　　　⑩ 马元

P368

上海露香园

① 上海市黄浦区豫园街道
② 2008—2017 年
③ 2019 年
④ 46,000 m²
⑤ 127,000 m²
⑧ 上海露香园置业有限公司

⑨ 2022 中国土木工程詹天佑奖优秀住宅小区金奖；2021 上海市优秀工程勘察设计奖住宅与住宅小区一等奖；2020 第一届上海市建筑遗产保护利用示范项目；2020 RICS 住宅项目冠军奖
⑩ 马元

P370

上海前滩三湘印象名邸

① 上海市浦东新区芋秋路 18 弄
② 2015—2016 年
③ 2020 年
④ 13,965 m²
⑤ 54,841 m²

⑦ 上海霍普建筑设计事务所股份有限公司
⑧ 上海湘盛置业发展有限公司
⑨ 2022 上海市优秀工程勘察设计奖优秀住宅与住宅小区一等奖
⑩ 马元；章鱼见筑

P372

雄安新区容东片区 E 组团安置房及配套设施

① 河北省雄安新区容东片区
② 2020 年
③ 2022 年
④ 218,317 m²

⑤ 627,105 m²
⑧ 中国雄安集团城市发展投资有限公司
⑩ 马元

P374

株洲国际赛车场

① 湖南省株洲市天元区中华路 1 号（汽车博览园内）
② 2018 年
③ 2019 年
④ 530,000 m²
⑤ 52,287 m²

⑧ 株洲国际赛车场开发有限公司
⑨ 2022—2023 中国建设工程鲁班奖（国家优质工程）；2022 上海土木工程奖二等奖
⑩ 马元；湖南卫视《2022 致敬大国工匠特别节目》摄制组等

P376

上海外滩历史保护建筑照明改造

① 上海市黄浦区
② 2018 年
③ 2018 年
④ 约 100,000 m²
⑦ 郝洛西（照明规划）

⑧ 上海市黄浦区灯光景观管理所
⑨ 2021 美国 IDA 国际设计大奖银奖；2020 北美照明学会 IES Awards 优胜奖；2020 第 37 届 IALD Awards 优胜奖；2019 上海白玉兰照明奖室外工程优秀奖
⑩ 杨秀

P378

上海金鼎"聪明城市"CIM 数字化平台

① 上海市浦东新区巨峰路与申江路交叉口
② 2020 年
③ 2022 年
④ 2,000,000 m²
⑤ 2,750,000 m²
⑦ 同济大学；阿里云

⑧ 上海金桥（集团）有限公司
⑨ 2022 浦东新区 BIM/CIM 技术应用创新技能竞赛暨全国菁英请赛 CIM 创新应用成果赛特等奖；2022 同济设计集团科技进步二等奖
⑩ 章鱼见筑

CULTURAL BUILDING

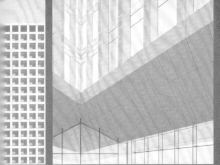

文　　化　　建　　筑

上海博物馆东馆
Shanghai Museum East Hall

　　上海博物馆东馆位于上海市浦东新区花木 10 号地块。项目以"打造世界顶级的展示中国古代艺术的博物馆"为目标，是上海市为构建国际文化大都市而着力打造的重大标志性文化工程。

　　上海博物馆东馆规模宏大，总建筑面积 11.32 万 m²，是集历史探索、文物欣赏、艺术展示、社会教育于一体的多样性公共文化空间。

　　设计通过多维的系统整合、多元的沉浸体验、多样的公共空间，最大限度地让上海博物馆东馆与周边建筑及公共设施融合，强调片区内共同发展的综合开发利用，使得博物馆能真正融入公众生活。

基地位置 上海市浦东新区　　**设计时间** 2016 年　　**建成时间** 2024 年　　**基地面积** 46,001m²　　**建筑面积** 113,200m²

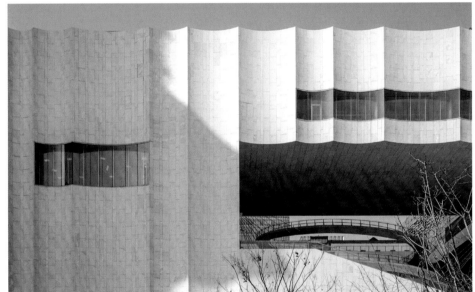

对页：整体鸟瞰实景

上海博物馆东馆处于杨高路、世纪大道、丁香路交汇处，南侧为张家浜自然景观河道，东侧为上海科技馆，北望浦东新区行政中心和东方艺术中心。伴随上海博物馆东馆的建成，浦东花木地区将成为文化新枢纽，形成具有国际影响力的文化设施集群。

本页，上：东北角"城市客厅"

东馆打造了 24 小时沉浸式"城市客厅"，使博物馆成为日常生活的重要一环。首层开放的 L 形公共空间将博物馆的北侧主入口、东北侧公共服务区与南侧商业地块有机地衔接。即便博物馆闭馆，公共空间仍向公众提供咖啡休憩、文创商店、互动体验等丰富多维的公共服务。

下：东立面实景

与建筑的内部空间结构、周边城市关系相呼应，层层渗透。在建筑东侧设置了一处较大的室外立体公共空间。透过下沉广场、立面洞口、圆形庭院、螺旋坡道、屋顶园林，逐层推进向城市开放，成为博物馆与城市互动的"舞台"，极大地增强了建筑与城市的对话性。

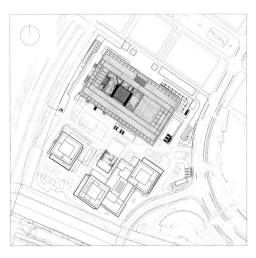

总平面图

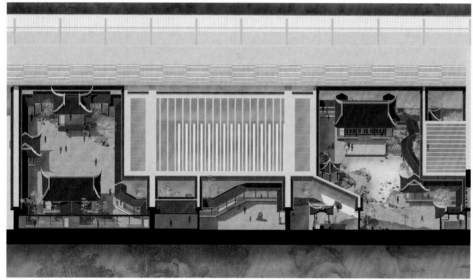

"游园式"的公共空间序列

设计通过对平面和剖面体系的重构,共享边厅、多层次交互展示的平台、旋转坡道及屋顶园林进一步丰富了内部空间,形成内外交融的空间布局。在建筑内部构建起一个"游园式"的公共空间序列,由此打破了单中心的博物馆传统模式,构建起现代和传统交融的观展体验层次,强化了东馆空间与创新展陈体系之间的联系。

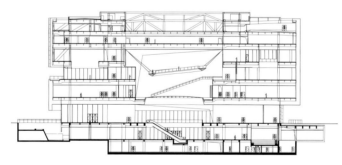

剖面图

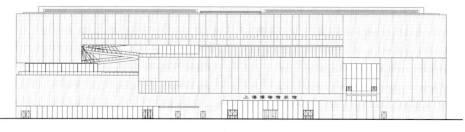

立面图

1. 门厅
2. 开幕式大厅
3. 综合服务
4. 展厅
5. 咖啡休憩
6. 文创商店
7. 接待室
8. 办公后勤
9. 库区

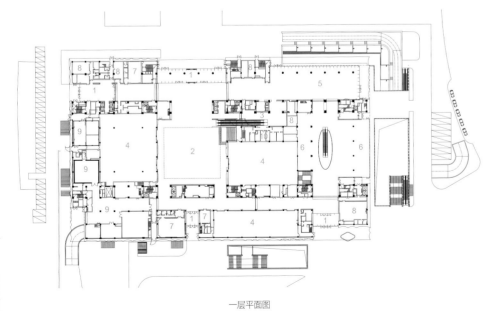

一层平面图

共享边厅

在朝向上海科技馆、世纪大道城市轴线、东方
艺术中心等标志性公共文化建筑的方向，在环
形流线的不同楼层、不同位置，设置不同尺度
的"共享边厅"，以此缓解特大型博物馆中的
观展疲劳问题，强调建筑空间与城市空间的渗
透与互动。

马家浜文化博物馆
Majiabang Culture Museum

马家浜文化博物馆位于浙江省嘉兴市南湖区马家浜遗址公园内，场地现状主要为原生的旷野，周边水网纵横。项目以"国内一流，国际影响"为建馆目标，展览强调科普性、知识性、教育性，努力建设成一座以马家浜文化为主题的史前文化博物馆。

设计一直在寻找一种恰当的介入方式：如何在历史考古的碎片中捕捉属于远古文明的氛围，传达建筑的特定文化属性，合适地融入到现有的基地文脉中。

马家浜文化代表着农耕文明重要的历史阶段，在此阶段形成了稳定聚居的生活状态，因此"聚落"成为原始部落空间组织的重要表现，设计通过对本身无序与非理性的几何单元体拼接组合，使无序的形体呈现原始的手作感，又让单元的组合带来了丰富有趣的游览路径，就像原始的聚落一样，每个棚屋单元具有相对独立性，但同时单元之间又形成了迂回的留白空间。

基地位置 浙江省嘉兴市 　　**设计时间** 2015 年 　　**建成时间** 2020 年 　　**基地面积** 15,572m² 　　**建筑面积** 7,840m²

形体生成分析图

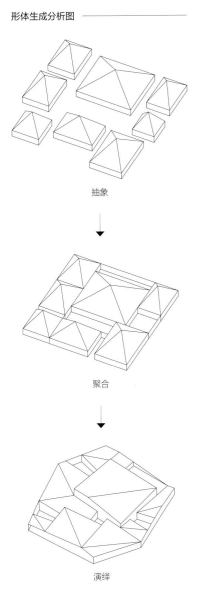

抽象

↓

聚合

↓

演绎

对页：博物馆鸟瞰

博物馆在没有明确遗址物理留存的一块基地上
建造，因此建筑本身就承担了诠释历史的任务。

本页：明媚阳光下博物馆全貌

第一次到现场时，开阔的田野风景是"此地"
留给设计师最深刻的印象。开始设计后了解到
马家浜文化代表着农耕文明重要的历史阶段，
"此地"风景与"异时"图景似乎产生了某种
时空连接。

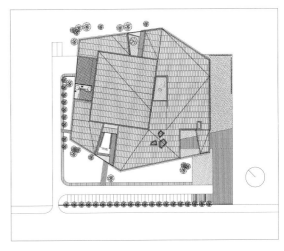

总平面图

北侧林地望向入口庭院

博物馆的设计提取了聚落的原始居住图景和江南房院格局，在历史信息碎片中提炼出"聚落"的基本原型，通过空间再译，与遥远的文明建立起跨时空的默契，无序的形体和粗粝的质感呈现出了远古文明的原始感，这或许就是时间的形状。

1. 庭院
2. 大厅
3. 寄存
4. 基本陈列厅
5. 临时展厅
6. 咖啡厅
7. 教育拓展
8. 商业
9. 报告厅
10. 接待室
11. 会议室
12. 保安室
13. 卫生间
14. 消控中心
15. 餐厅
16. 参考品收藏
17. 文物修复、鉴赏、库房
18. 设备间

- - - - - - 参观流线

一层平面图

上：内部办公庭院内景

作为内与外、动与静的转折空间，建筑形体间自然形成 5 个庭院，为游客提供了游览路径中与自然的对话的机会。虽然身处建筑内，却像在很多小房子形成的街巷中。

左下：入口大厅通透空间；右下：展厅内部公共通道，视野尽端是遗址标识

聚落之间最大的留白是参观游廊，作为各种功能的中枢场所，它连通了主入口、展厅、报告厅、休息区、遗址雕塑等，形成一条完整的游览体验路径。游廊的东侧是城市，西侧是马家浜文化遗址，东西两侧分别代表着两个不同的时代。

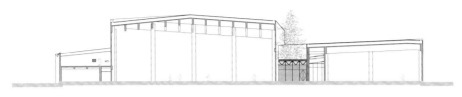

剖面图

二里头夏都遗址博物馆
Erlitou Site Museum of the Xia Capital

二里头夏都遗址博物馆是国家"十三五"重大文化工程,是研究中国早期国家形成和发展历史的展示中心。设计选择土和铜这两种与二里头文化关联最为紧密的材料组合,作为建筑设计独特的建构特征。二里头夏都遗址博物馆最终完成的室内外夯土总量超过 4,000m^3,是目前世界上规模最大的单体生土建筑。

基地位置 河南省洛阳市　　**设计时间** 2016 年　　**建成时间** 2019 年　　**基地面积** 339,074m^2　　**建筑面积** 31,781m^2

对页：夜幕下的博物馆与北部的遗址区

规划设计时，首先确保遗址重点保护区内的宫城遗址、主干道以及中轴线得到完整展示，使保护区内的村落维持现状，基础设施改善并尽量减少对村庄日常生活的影响。

本页，上：建筑与地望

博物馆周围设置护坡，利用微地形处理的手法使建筑与周围景观紧密融合。地形的起伏隐匿了博物馆的部分体量，使遗址环境和建筑成为融合的整体，建构起遗址博物馆的独特形象。

中：博物馆与乡村生活共生

博物馆与考古遗址公园对公众开放之后，极大地促进了当地乡村社会经济的发展。在公园桥头聚集的商贩、跳广场舞的村民以及坐在门廊柱础上晒太阳的老人们，都显示着博物馆已然成为他们生活的一部分。

下：建筑从大地中隆起

建筑布局与二里头遗址环境的总体风貌相协调，采取水平展开的形体策略，低矮舒展的建筑体量水平延展并由周边向中央逐级升高，形成11~24m高低错落的建筑天际线，与二里头遗址所在的台地特征相呼应。

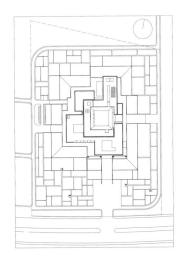

总平面图

本页，上：大厅夯土墙之间的错动穿插

博物馆以中央大厅为内核向四周空间强力辐射，在空间的连接方式上，将入口内庭、序厅、中央大厅到尾厅以非对称的方式组织在一起。

下：自然采光的展厅内景

对页：主入口内庭

主入口内庭是带有柱廊并略成凸形的观众入口等候区，这与二里头遗址的宫室型制有明确的呼应。

剖面图 1

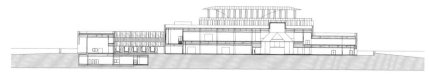

剖面图 2

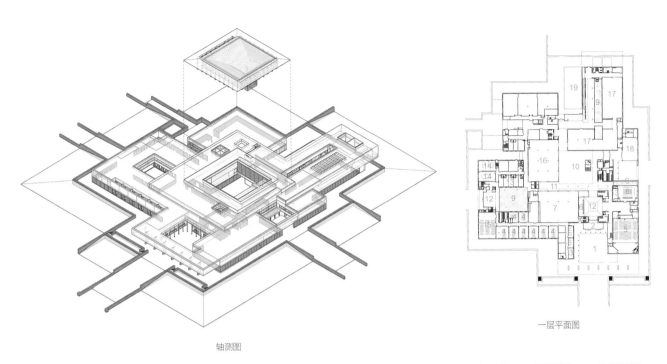

轴测图

一层平面图

1. 入口庭院　　8. 贵宾接待　　15. 多功能厅
2. 安检厅　　　9. 庭院　　　　16. 展厅 1
3. 售票　　　　10. 中央大厅　　17. 展厅 2
4. 办公　　　　11. 过厅　　　　18. 纪念品商店
5. 影视厅　　　12. 办公区门厅　19. 水池
6. 总服务台　　13. 研究室
7. 序厅　　　　14. 会议室

世界技能博物馆
Worldskills Museum

世界技能博物馆位于上海市杨浦区杨树浦路 1578 号，旧称永安栈房，建于 1922 年，现存 2 座仓库系现代风格的无梁楼盖结构，为上海市文物保护建筑。

世界技能博物馆改造设计坚持历史信息清晰、结构安全合理的原则，结合世界技能博物馆的功能需求和规划定位，在留存场地和历史记忆的基础上，使这处近代工业遗产焕发新生。通过挖掘结构潜力，在保证对体系和原修缮成果干预较小下，精心建构了一个层层递进的共享中庭空间，释放独特的空间体验。结构采用反梁隐性加固，同时利用反梁形成的构造空腔作为空调送风的管廊，充分保留原有建筑无梁楼盖的特点。建筑设计立足历史建筑保护的出发点，首层开放的咖啡店、文创商店等公共空间将博物馆融入城市的日常生活，营造良好的互动空间。建筑西侧打破原有耳房对建筑空间的束缚，实现建筑内部空间与城市景观、滨江景观的充分融合，创造独一无二的滨江观景体验平台。

基地位置 上海市杨浦区　设计时间 2018 年　建成时间 2023 年　基地面积 10,920m²　建筑面积 10,171m²

对页：整体鸟瞰

世界技能博物馆是上海杨浦滨江休闲观光带的重要节点，而仓库建筑原有的立面过于封闭，内外隔绝。为了使博物馆成为融入城市日常生活的公共活动空间，在公共空间的设计上引入的"城市客厅"的概念。在建筑首层布置了L形的城市客厅，作为博物馆激活城市空间的重要载体，通透的空间向城市展现出世界技能博物馆的开放姿态。

本页，上：西侧观景平台透视

后期加建的耳房并非保护重点项目，过于封闭的立面遮挡了原有建筑立面。团队将耳房立面拆除并保留其结构，采用钢结构加固改造为层层出挑的室外休息平台与直达屋顶的交通系统。错动的平台打破原本沉闷的建筑立面，让观众在观展之余可走出展厅观赏黄浦江景，创造独一无二的滨江观景体验。

下：中庭在建

团队通过分析原有结构体系的潜力，建构了一个层层递进的共享中庭空间。所有的楼板切割均未损伤原有的八角形柱帽，确保对原有结构体系干预较小。对楼面进行架空处理，并在构造空腔内集成了结构反梁、空调送风、电缆桥架等多种功能。增加了各层之间的视觉连接和不同功能区块之间的互动，适应性地再生了历史建筑内部空间。

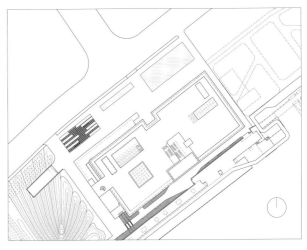

总平面图

隋唐大运河文化博物馆
Sui and Tang Dynasty Grand Canal Cultural Museum

隋唐大运河文化博物馆是国家"十三五"重点文化工程,博物馆坐落于河南省洛阳市主城区瀍河入洛河口的西北角,是集文物保护、科研展陈、社会教育于一体的综合性运河主题博物馆。建筑设计抓住隋唐大运河这一古代水利工程的技术特征,以洛河上架设的拱桥结构为原型,用现代建造技术的自然呈现来取代对传统风格的具象模仿,从而实现古今文明的对话。

基地位置 河南省洛阳市	设计时间 2019—2021 年	建成时间 2022 年	基地面积 31,817m²	建筑面积 32,986m²

对页：博物馆与建设中的大运河遗址公园

博物馆建筑布局上，尊重并呼应洛河大堤上已
经形成的仿唐建筑群"瀍壑朱樱"的中轴线。
展陈空间的布局上，突破传统博物馆的封闭展
陈模式，除了对温湿度敏感的展品之外，大部
分展厅采取开放格局，与公共空间和公园景观
融为一体。

本页：南立面结构单元

建筑主材的选用强调在地性的原则，建筑局部
青砖的选用与公园周边的老城历史街区相呼应。
室内外大量采用改良后的洛阳三彩陶瓷挂板饰
面，较好地缓解了清水混凝土建筑给人带来的
疏离感以及内部空间声学的缺陷。

总平面图

一层平面图

1. 安检门厅　　7. 接待门厅　　13. 休息厅　　19. 外廊
2. 中央大厅　　8. 接待　　　　14. 次服务台　20. 连桥
3. 总服务台　　9. 报告厅　　　15. 纪念品商店　21. 室外平台
4. 办公　　　　10. 序厅　　　16. 咖啡厅　　22. 水景
5. 办公门厅　　11. 基本陈列厅1　17. 次门厅　　23. 水池
6. 会议　　　　12. 基本陈列厅2　18. 门廊　　　24. 临时展厅

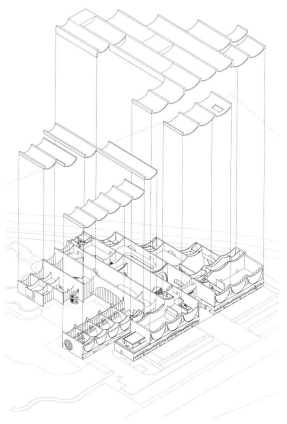

轴测分解图

对页：西侧的拱形结构序列

设计抓住隋唐大运河这一古代水利工程的技术特征，以洛河上架设的拱桥结构为原型，用现代建造技术的自然呈现来取代对传统风格的具象模仿，从而实现古今文明的对话。

本页，上：从三层的室外露台远眺

功能组织上特别强化南面向洛河的开放性，在顶层设置看向洛河的室外露台，使之成为一个独特的观景视窗。

左下：层层递进的公共空间

在内部空间组织上用层层递进的功能空间布局规避不利的地形影响，形成了完整连续的展厅单元和富于变化的内部空间体验。

右下：悬挂环形坡道

坡道从曲面屋顶悬挂至地面，连通一二层及临时展厅的夹层，形成一条活力的纽带。

剖面图1

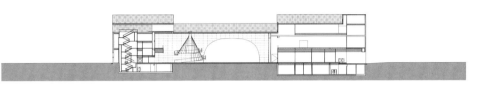

剖面图2

中国第二历史档案馆新馆
The Second Historical Archives of China

中国第二历史档案馆位于江苏省南京市南部新城大校场区域,是中央直属的三家国家级档案馆之一,是我国最重要的集中保管和利用民国时期档案的机构。这一国家级档案馆新馆的落成对于提升馆藏档案的保护利用水平、推动历史文献研究和文化繁荣发展具有重要意义。

设计布局精巧、气势恢弘。以对外服务、武警和办公三栋裙楼环绕中央库房形成拱卫式格局,既突出档案库房的主体形象,又在库房楼外围形成防护屏障。建筑形体面向各方向均衡对称,巧妙地呼应了不规则基地形状和周边复杂的城市肌理,以稳重的姿态展现大国形象。立面利用双层表皮的石材格栅与阳光互动,形成丰富立体的光影关系,在稳重的基调下增添了精致的细节肌理和建筑表情。

设计取意于杨廷宝先生设计的老馆的"格子"图形元素,从室外格栅到室内天窗、吊顶等位置均有运用,建筑的构图元素内外高度统一,传承着老馆记忆。

基地位置 江苏省南京市　**设计时间** 2020 年　**建成时间** 2023 年　**基地面积** 40,028m²　**建筑面积** 88,752m²

对页：整体鸟瞰

项目位于两条城市轴交会的重要节点，设计选择以一个各向均等的形体完成轴线的衔接与城市肌理的过渡。建筑形态以鲁班锁为理念，环环相扣、严密精巧，打造坚实稳固的形象，展现中国智慧。

本页，上：东南街角整体形象

建筑体量明朗利落，体块堆叠的丰富度恰到好处，无一丝矫饰，以强烈的虚实对比和精到的构图比例展现建筑的高级别、高规格，环环相扣、绵延不绝的建筑轮廓展现国家级档案馆的气质特征。

下：内庭水院与格子表皮

"格子"的构图元素是对老馆丰富的花窗与藻井等中国传统建筑元素的当代化演绎与抽象表达，网格化韵律典雅精致，立体感强，建筑通过阳光与影子的对话雕刻细部，在庄重的基调中增添了活跃元素，同时蕴含独有的文化记忆。

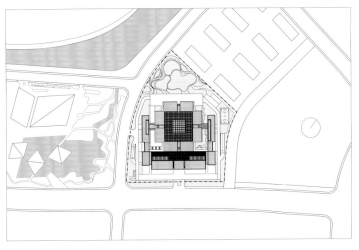

总平面图

河南省科学技术馆
Henan Science and Technology Museum

河南省科学技术馆位于河南省郑州市郑东新区白沙象湖规划区，旨在打造一个融合"科技磁场、文化映像"的城市地标；科技馆、自然馆与天文馆"三馆合一"，是全国最大规模科技馆之一。设计提出"馆园一体"总体理念，源于对中原古老科技文化和建筑环境前沿技术的挖掘，呼应"河洛文化"意向，建筑宛如黄河与洛河交汇形成的自然造型，适应三角形的复杂城市场地环境；同时建筑成为环境能量流动、引导与捕获的空间塑形。

建筑被当作一个"当代科技文化范本"来塑造，结合风洞实验对建筑形态与表皮进行精准风压调试与风流引导；通过热力学烟囱，实现过渡季节中庭自然通风控制；面对大跨度、高复合、首创性技术挑战，全程运用 BIM 和 3D 实景扫描技术，实现超大空间复杂结构与幕墙的精益设计与建造。

| 基地位置 河南省郑州市 | 设计时间 2016—2019 年 | 建成时间 2021 年 | 基地面积 89,620m² | 建筑面积 129,364m² |

对页：整体鸟瞰

建筑设计以河洛交汇的文化意向为切入点，设计建筑形态宛如黄河与洛河交汇形成的自然造型，大气舒展、浑若天成；三个方向的延展态势、曲线勾勒与力度变化，既浓缩了中原历史文化的变迁，又犹如螺旋桨引擎和飞鸟展翼，强烈的科技感寓意着"郑州之腾飞、河南之崛起"。

本页，上：室外透视

建筑格局、形态、系统来自环境风能流动与响应的精准塑形，建筑形态最大化契合场地风场，形成最优环境性能。结合风洞实验对建筑形态与表皮进行精准风压调试与风流引导，建筑阳极氧化铝板表皮根据不同光线调整开窗率，展现建筑整体律动形态。

下：室内中庭空间

建筑以钢构建造的大尺度复合空间形态，强化建筑性能与建构的一致性与整体性，以"天体运行"为灵感的中庭空间，采用三层大跨度异型钢桁架连廊，32m直径球体影院形成科技馆中央大厅"空间之眼"，建筑整体按照绿色三星设计、建造与运营。

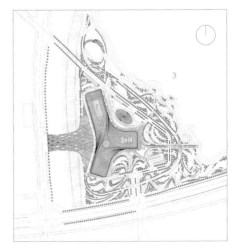

1. 屋顶花园
2. 设备平台
3. 象湖

总平面图

宛平剧院改扩建工程
Wanping Theater Project

宛平剧院位置得天独厚，北离徐家汇 1.5km，南眺滨江岸线，毗邻东安公园，交通便利。新剧院在建于 1988 年的原址上建设，总建筑面积 29,280.63m²，其中地上建筑面积 15,853m²，地下建筑面积 13,427m²。建筑地上 5 层，地下 3 层。设计以中国传统折扇为设计灵感，集传统戏曲剧场之大成，包括一个 996 座的大剧场，一个 262 座的小剧场，以及可收纳座位 209 座的多功能演艺厅、40 座影音体验中心、专业排练厅等空间。

建筑对标世界一流剧场的设计标准，为戏曲量身打造一方空间。遵循戏剧观念、观众审美的发展趋势，舞台结构在借鉴歌剧、音乐剧的舞美制作的同时，采用更加灵活的方式以兼顾戏曲的布景道具体量较小的需求，探索容纳传统戏曲和新编戏的空间。借鉴西方音乐厅、歌剧厅的声学设计，将声场设计纳入考量，尊重传统戏曲的声腔魅力。公共空间中置入展览展示、传承体验、教育普及、文化交流，成为集多项功能于一体的国际化戏曲剧场。

基地位置 上海市徐汇区　　**设计时间** 2016—2021 年　　**建成时间** 2021 年　　**基地面积** 6,465m²　　**建筑面积** 29,280m²

对页：整体鸟瞰

定位上海国际化大都市，面向戏曲未来的剧场。

本页，上：街角透视；下：立面透视

主入口玻璃扇面通透自然，犹如立体的中国扇面书画，大大小小的折扇消解庞大的建筑体量。作为传统戏曲的重要道具，中国折扇元素运用在设计中。以折扇精巧典雅的特点与传统戏曲剧场相结合，为城市带来徐徐的文化清风。从中国传统合院中汲取灵感，引入传统的造园手法，将多个不同规模和形式的表演厅堂在空间中错落叠放，提供处处有舞台、层层可观演的复合空间，呈现移步换景、立体化园林景象的"戏曲之苑"。

总平面图

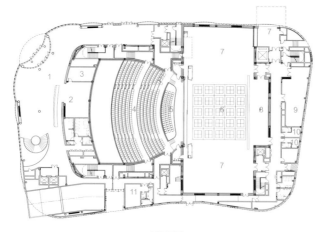

1. 共享大厅
2. 衣帽寄存
3. 办公管理
4. 戏曲大剧场池座
5. 乐池
6. 主舞台
7. 侧舞台
8. 后舞台
9. 服装盔帽间
10. VIP 化妆室
11. 贵宾室

一层平面图

1. 排练厅兼报告厅
2. 休息厅
3. 观众厅上空
4. 排练厅
5. 演员休息区
6. 管理办公
7. 排练厅储藏室
8. 绿化屋面
9. 伸缩座椅库

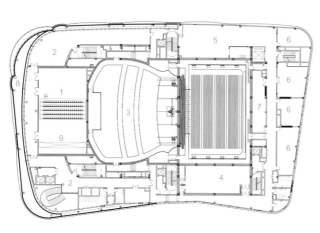

二层平面图

本页，左：如扇子打开般的旋转楼梯；右上：一楼共享大厅；右下：天顶的折扇元素

装饰成扇面的共享大厅展示了戏曲知识、剧种普及等，二楼、三楼的公共空间，规划用音、影、美、画等打造艺术装置和沉浸体验区域，挖掘戏曲各维度的美感和技巧，吸引更多青年人群和知识阶层的参与体验。巧用"折扇"这一传统韵味浓厚的标志性元素，天花上、墙上、座椅扶手、门把手，扇形的元素也触目皆是，巧妙地突出了戏曲元素的现代感和时尚感。

对页，上：大剧场室内透视

大剧场内缩短视距，让观众更接近"角儿"，室内墙面依然化入了"折扇"概念，反声板是扇面，吸音板成为撑起"扇面"的"扇骨"。大剧场台口宽 16m，高 10m，深 20m，侧台宽 8~10m，深 20m。具有全电控可编程升降吊杆 65 套，全网格化控制的灯光系统和全光纤信号传输方式的扩声系统。舞台升降台化整为零为 25 个正方形网格升降台，转台呈棋盘分布更加灵活，能够如波浪般起伏，极大程度契合了新编剧目的制作要求。

左下：262 座小剧场；右下：多功能演艺厅

"小剧场戏曲"近年来已成为了戏曲发展的一种新方向。小剧场位于地下一、二层，契合其与舞台空间紧密联系的创作特性，发挥其小、深、精、广的艺术特点成为实验性、先锋性的戏曲观演空间。

209 座的"戏·聚空间"多功能演艺厅，内墙采用可调光曲线玻璃，留有扇心骨一样的条条金线，宛如一个流光溢彩的琉璃盒子散发着精致的气韵。

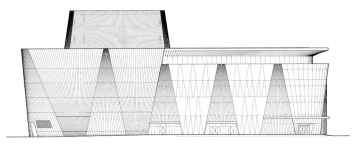

立面图

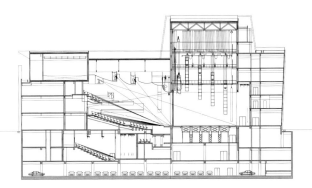

剖面图

中国扬州运河大剧院
The Canal Grand Theater of Yangzhou China

中国扬州运河大剧院位于江苏省扬州市文昌西路明月湖公园，为市级重要公共文化设施。总用地面积约 6.43 hm²，总建筑面积 146,985m²，其中地上 87,938m²，地下 59,047m²。建筑分为两个功能区，其中西区为剧院，包含一个综合歌剧厅（1,576 座）、一个戏剧厅（750 座）、一个曲艺剧场（350座）、一个多功能小剧场（300 座）及排练、办公等功能。东区为配套文化商业。二者通过一个空中连廊合二为一。

设计以"水月诗园，艺术云桥"为理念，打造一处开放、共享的艺术交流空间，通过艺术、商业、园林的融合，促进城市文化活力，提升城市空间的艺术品质，弘扬扬州传统文化。

基地位置 江苏省扬州市　　**设计时间** 2017 年　　**建成时间** 2022 年　　**基地面积** 64,300m²　　**建筑面积** 146,985m²

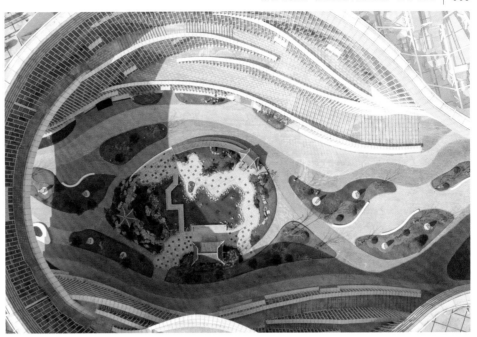

对页：艺术云桥

宏伟舒展的建筑如一座石桥立于湖畔，再现
"二十四桥明月夜"的扬州胜景。

本页，上：立体园林

剧院沿内院一侧的建筑立面逐层跌落，形成不
同高度的景观平台，让剧院和商业的活动走出
室外，形成空中的舞台和展场，塑造出活泼立
体的文化场景。通过台阶、坡道、云桥连接起
各层的平台，形成一条全长450m的"复道回
廊"，巧妙地延长了游览路线，为游客提供全
方位动态的立体景观体验。

下：水月诗园

建筑围合出开放的城市庭院，营造一处汇聚活
力的艺术园林。

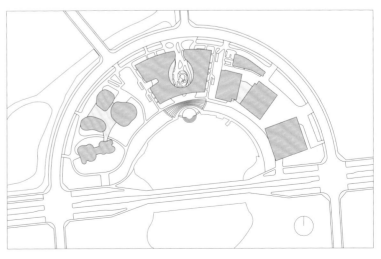

总平面图

1. 门厅
2. 1600 座歌剧厅
3. 庭院
4. 800 座戏剧厅
5. 500 座曲艺剧场
6. 商店

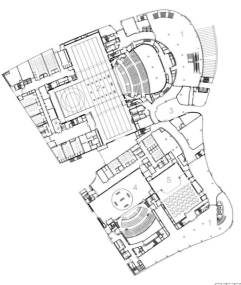

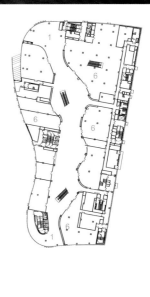

一层平面图

对页：立体园林

本页：四季诗园

四个观演厅以专业、灵活、互动为设计目标，以"春花、夏竹、秋叶、冬雪"为主题，打造出"四时不同、扬州特色"的艺术空间，彰显新型观演空间的地域特色、时代特色和科技含量。

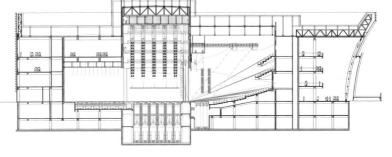

剖面图

上音歌剧院
Shangyin Opera House

上音歌剧院位于上海音乐学院的东北角，紧邻淮海中路和汾阳路转角。项目包括 1,200 座歌剧院、4 个排演教室、交流报告厅等，总建筑面积 31,926m²。

项目地处风貌保护区，建筑设计时充分考虑与周边城市环境的关系。结构设计采用阶梯状分区块布置的钢弹簧竖向隔振系统，确保了建筑核心功能不受邻近地铁振动影响。为营造演出氛围，对歌剧院厅堂的形式进行选择，空间灵感源于古典歌剧院，但更具现代特色。为满足浪漫派歌剧、经典派歌剧以及交响乐三种不同演出形式的声学要求，采取创新声学设计。歌剧院应用上百套舞台机械、灯光、音响设备，完全满足各种艺术需求和国际巡演的条件。

地处衡山路—复兴路历史文化保护街区内的上音歌剧院，建成后标志着上海又增添了一座顶级的城市文化地标，上海市民又多了一所有温度的高雅艺术殿堂。

基地位置 上海市徐汇区　　设计时间 2015—2017 年　　建成时间 2021 年　　基地面积 9,825m²　　建筑面积 31,926m²

对页：整体鸟瞰

项目位于淮海中路重要位置：商业轴线与人文
轴线交界处；现代建筑与历史建筑汇集地。设
计充分考虑其地理位置的特殊性，采用"化整
为零"的方式，使用较小的体量与周围环境融
为一体，现代的建筑风格又起到对历史起承转
合的作用。

本页，上：校区入口；下：主入口

建筑立面材料采用 GRC 板和 UHPC 挂板，色
调和尺度与周围历史街区建筑呼应，保持与周
围环境的协调。不同立面上都根据实际需要部
分墙面做镂空处理，使整体立面协调统一。光
线通过镂空墙面与玻璃幕墙在室内产生透明与
不透明的过渡，营造出不同的空间效果。

总平面图

本页，上：管弦乐排演教室室内

大型管弦乐排演教室和民乐排演教室应建筑声学要求，结构采用"房中房"的结构形式，以减小环境振动对其内部声学产生的不利影响。排演厅内部设有完整独立的竖向承重结构，仅底部通过小型隔振弹簧与外部房间结构相连，传递竖向作用和水平作用，其结构概念与歌剧院整体隔振基本相同。

下：弹簧隔振区

为了使歌剧院的功能不受地铁振动的影响，保证歌剧院的演出高品质，结构设计将整体歌剧院部分（包括主舞台、侧台、后台和观众厅）从下到上侧边均与周边结构完全结构性脱开，仅通过底部的弹簧（隔振系统）支承。

对页：观众厅室内

古典的马蹄形布局注重演出氛围的营造，演员与观众之间可以形成良好的互动。演员站在舞台中央，被层层观众环绕，能够感受到强烈的中心感。而观众也能更好地融入到表演之中，尤其是两侧靠近舞台的包厢空间，凭借出色的声学效果，与演员之间更近的距离，也可以获得很高的观演品质。

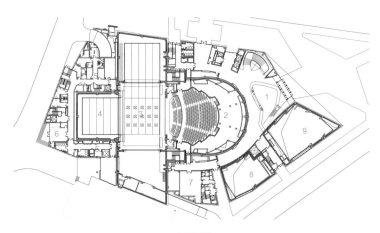

一层平面图

1. 观众入口大厅
2. 观众厅
3. 主舞台
4. 后舞台
5. 候演区
6. 演员入口门厅
7. 来宾休息厅
8. 合唱排演教室上空
9. 歌剧排演教室上空

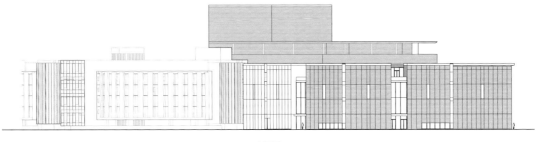

立面图

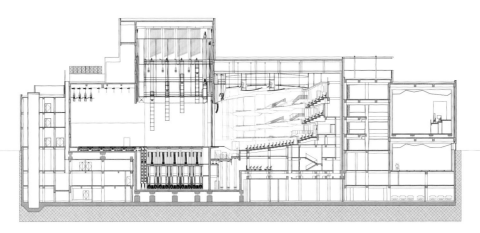

剖面图

启东市文化体育中心（北区）

Qidong Culture and Sports Center (North District)

启东市文化体育中心位于江苏省启东市新城区蝶湖公园的中心地块，与文化体育中心的南区分踞公园景观轴两侧，隔空组成一个整体。项目所处的蝶湖片区，以翩跹蝴蝶为主题，被打造为城市的大型公共开发空间、新城区的核心景观区。作为这片开阔水域的视线焦点，项目结合蝶湖中心独特的滨水地形以及启东特有的文化底蕴，衍生出水畔蝴蝶的意向，弧形屋顶顺应 S 形布局，空间上相互连接并在两端上扬，仿佛蝴蝶在水畔翩翩起舞，力求成为一座极富雕塑感和艺术感染力的标志性建筑。

基地从独特的自然以及城市的环境条件出发，形成面向蝶湖和面向城市的两个广场。在建筑 S 形基底轮廓内分置最主要的两个核心功能体量——1,200 座大剧院以及 400 座的小剧院，构成设计的基础。建筑布局的南北纵向拉开，延长了建筑沿整个城市道路以及水面的界面，加强了与规划中北侧双塔以及南侧的文化体育中心的联系，同时建立与水面及城市的呼应关系。

基地位置 江苏省启东市　　**设计时间** 2015—2017 年　　**建成时间** 2020 年　　**基地面积** 50,097m²　　**建筑面积** 38,316m²

形体生成分析图 ————

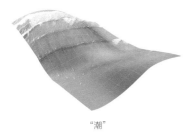

"潮"

"蝶"

对页：整体鸟瞰

"潮"：结合启东的海洋地域性文化，三片弧形屋顶绵延起伏形成富有层次感及动感的整体造型，仿若短暂凝固在岸边浪潮中的一个缩影。

"蝶"：结合蝶湖中心独特的滨水地形衍生出水畔蝴蝶欲飞的意向，弧形屋顶平面在平面上呈S形布局，两部分功能在中间相互连接，形体在两端向上扬，仿佛蝴蝶在水畔翩翩起舞。

本页，上：水畔实景

玻璃幕墙系统含三维扭转曲面。优化后双曲玻璃仅占0.48%，其余均为易于施工的圆柱和平板玻璃。龙骨均优化为直线形，弧形设计的隐框横框副框覆盖所有变转角度范围，实现浮动连接。金属屋面系统中，阳极氧化蜂窝铝板固定于直立锁边系统上，板间以插接件精确定位使接槎最小，保证装饰效果光滑平整。

下：剧院入口

建筑布局分区明晰，形成完整的空间序列和高效简洁的内外流线。立面构思意象简洁而宏大，形成极强的视觉冲击力。底层以明亮的玻璃为主，强调作为市民文化建筑的通透性，同时玻璃界面将整个空间围合起来，线条水平舒展、极具动感。

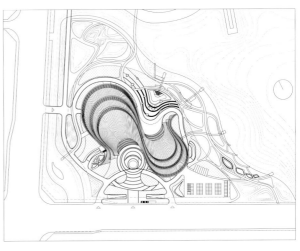

总平面图

西安国际会议中心
Xi'an International Conference Center

西安国际会议中心是大西安东轴线核心区——西安国际会展中心的重要组成部分，也是国家"一带一路"建设的重要支点。项目位于陕西省西安市浐灞区东三环以东、世博大道以北，西安世博园内西北角，南倚骊山和白鹿原，北眺渭河，与长安塔遥相呼应。会议中心包括圆桌会议楼及 5 栋会议配套楼。总体设计构建了"一轴双环、三区四节点"的景观框架，"仪式景观轴"彰显中国传统礼制空间特点，将长安塔、张骞广场、迎宾步道、圆桌会议楼、中央草坪、金碧山水通过轴线和谐有序布置。同时会议中心的正门正对西安世博园标志性建筑长安塔，两座建筑隔着广运潭水面相互眺望。二楼圆桌宴会厅东面的正门走出去是一座宽敞的眺望台，可以一览世博园的美景。

基地位置 陕西省西安市　　**设计时间** 2017 年　　**建成时间** 2020 年　　**基地面积** 179,000m²　　**建筑面积** 161,000m²

对页：远景鸟瞰

本页，上：远眺长安塔

设计总体以长安塔为主形成"仪式景观轴"，建立整体空间秩序，建筑秩序与自然环境通过景观轴线联系，利用山环水抱的生态格局，营造城市中的中式园林景观。"仪式景观轴"彰显中国传统礼制空间特点。

下：会议楼鸟瞰

建筑取汉唐建筑形式，采用庄严的举折庑殿顶，屋檐向外伸展，如巨鸟展翅一样高挑上扬，庞大而不失轻灵，威严中显露轻巧灵动，体现出恢弘的大唐雄风。举折庑殿顶的大屋面陡曲峻峭，屋檐宽深庄重，唐鸱尾的屋脊在经典唐风建筑形制上进行现代演绎，气势雄伟浩大；中段遵循传统建筑的开间柱式，通透开放；基座以石材为主，大气厚重。

总平面图

本页：园林景观

对页，上：接待大厅；中：圆桌会议厅；下：会客厅

承载大国建筑风范的建筑外观与建筑本身的功能高度结合，内部合理精密的会议接待功能，高规格的会议会展使用功能、接待流线、智能化安保设计及远期运营延展功能得以在设计中全面考虑并高效落地。

1. 礼仪大堂　　　　8. 侧厅
2. 侧厅　　　　　　9. 圆桌宴会厅
3. VIP 休息室　　　10. 多功能厅（VIP 休息室）
4. 接见厅　　　　　11. 媒体发言准备室
5. 内庭院　　　　　12. 过厅
6. VIP 电梯厅　　　13. VIP 电梯厅
7. 会客厅

一层平面图

立面图

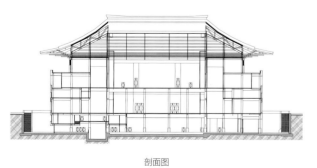

剖面图

西安丝路国际展览中心一期
Xi'an Silk Road International Exhibition Center Phase I

西安丝路国际展览中心一期位于陕西省西安市浐灞生态区，南临灞河，东临会议中心，西临进口博览馆，北接展览中心二期。项目总用地面积25.1万 m²，总建筑面积为48.7万 m²，建筑高度37.65m。主要功能包括登录厅、2个多功能展厅、4个标准展厅、中央廊道及相关附属功能。

项目围绕国家"一带一路"战略思路进行建设，利用西安特色"丝绸""大屋檐"为设计元素，打造一座标志性的现代化展览中心，象征丝绸之路沿线经济纽带的振兴和繁荣，创造了西安城市风貌新地标。设计强调空间的仪式性、多功能和灵活性，为不同类型、不同规模的展览、会议等经济文化交流活动提供场所，以展示西安的发展，打造会展产业集群，增强辐射效应，推进城市功能和产业规划布局，全面发挥会展经济辐射带动作用。

基地位置 陕西省西安市　　**设计时间** 2017—2019 年　　**建成时间** 2020 年　　**基地面积** 251,241m²　　**建筑面积** 486,678m²

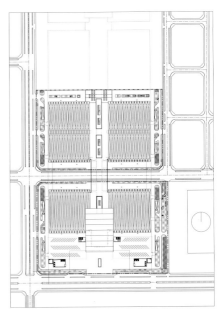

总平面图

对页：整体鸟瞰

位于西侧的展览馆建筑群以古典对称、大气庄重的建筑语汇表达了对丝绸之路以及中国传统建筑文脉的诠释与传承。

本页，上：登录厅外立面；下：登录厅室内

登录厅采用通透大面积玻璃幕墙，错叠出挑的屋面由室内延伸至室外，再现"大屋檐"这一具有西安特色的文化符号。展厅屋顶形态的设计灵感来源于轻盈的丝绸，下方由石材幕墙构成犹如"城墙"般的坚固基座，整体造型具有很高的识别度。

本页，上：登录厅外立面实景

中：标准展厅实景；下：标准展厅室内实景

大跨度空间的屋盖结构布置与建筑造型一体化设计，展厅屋盖最大跨度117m，钢结构采用与建筑造型贴合的单元式构件，主次分明、传力清晰；设计与施工同步完成施工过程模拟分析，保证结构在建筑全寿命周期内的安全性；幕墙、结构、机电汇交的复杂节点结合BIM进行精细化整合设计，确保建筑品质。

1. 登录厅
2. 展览厅
3. 下沉庭院
4. 设备用房
5. 会议室
6. 休息室、接待室
7. 商铺
8. 庭院
9. 中央廊道

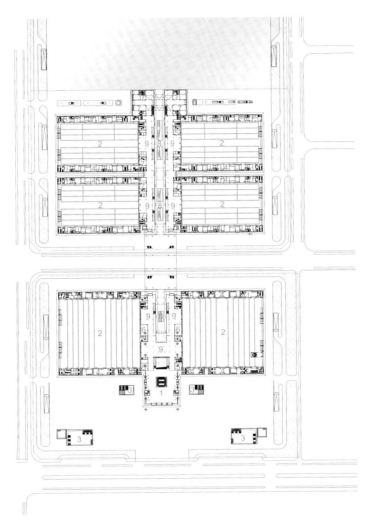

一层平面图

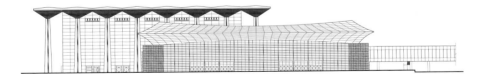

立面图

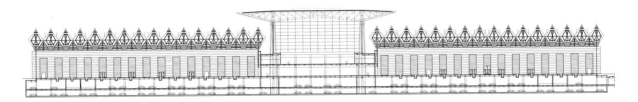

剖面图

西安丝路国际会议中心
Xi'an Silk Road International Conference Center

西安丝路国际会议中心位于陕西省西安市浐灞生态区欧亚经济综合园区核心区，是陕西省贸易和产业发展的核心项目，是填补西安及西北地区大型专业会议中心场馆市场、打造新丝绸之路沿线的西安新地标。立面设计以简明抽象的手笔，对中国古典建筑特征进行传承，并给予新的诠释。对称的上下"月牙"檐口以 24 组纤细吊柱连接，内部配以高透的弧形内凹幕墙，从而创造出现代而经典，大气而精致，庄重而优雅的标志形象。

设计试图抓住中国古典建筑的神韵。200m 见方的建筑体量，四个立面对称、统一，在南、东、西向中轴对称布置景观水体、下沉庭院，形成方正对称的格局；下"月牙"檐口由吊柱体系悬挑，首层为四面环通的全玻璃幕墙，形成深远、宽敞的入口空间，并营造出建筑悬浮的景象；位于中轴的入口，须通过跨越水体的连桥到达，形成极富仪式感的序列空间；跌级而上的方正基座、线条舒展的上下"月牙"檐口、理性规整的柱式，形成均衡、和谐的比例，是对中国古典建筑的传承与当代表达。

基地位置 陕西省西安市　　**设计时间** 2017—2019 年　　**建成时间** 2020 年　　**基地面积** 105,074m²　　**建筑面积** 207,112m²

轴测功能分析图 ————

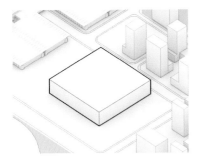

体量

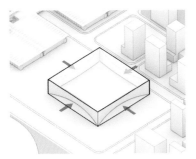

弧线分割，内凹

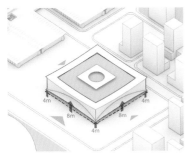

首层抬高

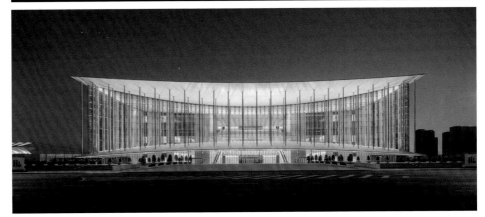

对页：整体鸟瞰

本页，上：夜幕下的水面倒影

屋顶的处理是中国古典建筑最受重视的部分，也是最有特色的部分。会议中心在避免做传统大屋面的同时，创新性地通过立面内凹处理，使得上"月牙"形成宽大，弯曲变化的"新屋面"景致；而下"月牙"在外部形成出挑的入口灰空间，在内部通过延伸进室内的部分形成室内公共玄关。上下"月牙"简明舒展的造型，展示出古典优雅的建筑气质。

下：夜幕时分主立面呈现

当夜幕降临时，上下月牙被点亮，形成夜幕下的标志景观，而南侧通透的大玻璃幕墙使室内灯光外透，呈现出一个高耸宏大的高规格会议入口大厅。通过屋檐、柱廊、门窗形成别致的虚实体量关系，传承了中国古典建筑的设计手法。

总平面图

对页：光影下的建筑转角

会议中心的立面玻璃幕墙体系分为上部主体幕墙和首层落地幕墙。幕墙均是四面对称，全建筑环通，形成纯净的全通透建筑立面。

本页，上：通透主立面近观

下：大厅实景

会议中心的设计是建筑纯净性与复杂性的对话。以大开大合且高效、有序的空间组织手法，营造出既满足会议中心复杂的功能、流线需求，又极具纯净性的宏大空间，从而成为一座现代、大气、典雅的会议中心。

1. 会议室
2. 休息廊
3. VIP 室
4. 入口大厅
5. 室外平台
6. 宴会厅
7. 出品厨房
8. 后勤入口
9. 前厅
10. 次入口门厅
11. VVIP 门厅
12. VIP 门厅
13. 下沉庭院

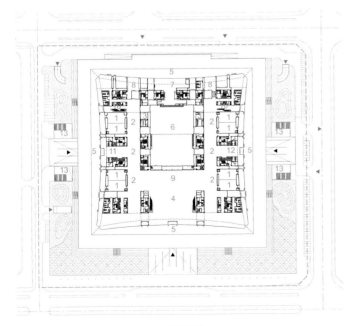

一层平面图

剖面图 1

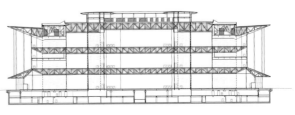

剖面图 2

绍兴国际会展中心
Shaoxing International Exhibition & Convention Center

绍兴国际会展中心位于浙江省绍兴市柯桥区，一期总用地面积约 12.3 万 m^2，总建筑面积约 17.4 万 m^2。

项目包含大型会展场馆、多功能展厅、会议中心等功能。其中 1 号馆净展览面积约 2.6 万 m^2，跨度约 72m，是可灵活分割的大型会展单体；2 号馆为双层展览建筑，容纳了展厅、1,500 人报告厅、多功能厅、大小会议厅及配套用房，可满足展览、会议、宴会、餐饮、服务等多重需求；会议中心主体包含 2 个多功能会议厅及 1 组新闻发布厅。三个单体相互服务，相互补充，共同形成功能复合的"会展综合体"。

绍兴国际会展中心是柯桥区"融杭联甬接沪"的重要设施，也是柯桥打造国际纺织之都的重要平台之一，是绍兴市地标性重大工程和加快对外开放的重要基础设施。它的建成，将有效带动客流、物流、信息流、资金流的全方位集聚，有力提升柯桥区乃至绍兴市的城市能级和形象。

基地位置 浙江省绍兴市　　设计时间 2019 年　　建成时间 2022 年　　基地面积 123,590m²　　建筑面积 174,776m²

对页：整体鸟瞰

绍兴国际会展中心一期工程分为 A、B 两区，B 区占地 123,590m²，总建筑面积 174,776m²，由 1 号馆、2 号馆、会议中心以及河上连桥等多座单体建筑组成。

本页，上：层檐与韵律——1 号馆

1 号馆位于用地北侧，属于单层重型展厅，由于用地非常紧张，建筑布局采用了 360m×72m 的超大尺度形成一个连续室内展厅空间。为了避免超大体量形成空间的单调感和对城市界面造成的压迫感，建筑形体分为 6 个单元，形成层叠的屋顶韵律，回应"水乡"屋顶的连绵之美。展厅北侧，结合货运通道，提取绍兴传统建筑"檐"的意向，形成出挑的灰空间，为绍兴漫长的雨季布展提供方便。连续的屋顶与屋檐形成韵律感很强的建筑形象，成为进入绍兴标志性的门户形象。

下："水""纺"与轻柔——2 号馆

2 号馆为多功能展厅。展厅部分也是以纺织等轻型展览为主，因此建筑造型上不同于 1 号馆"力量感"的表达，2 号馆结合"水"和"纺"的意向，凸显出建筑的"轻柔感"，一柔一刚，体现出中国传统哲学。

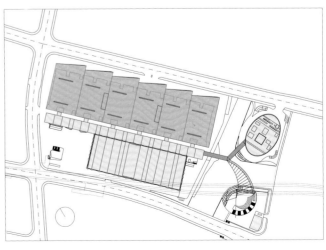

总平面图

郑州美术馆新馆及档案史志馆
Zhengzhou Art Museum and Zhengzhou Archives

郑州美术馆新馆及档案史志馆位于河南省郑州市西部"四个中心"城市主轴和活动绿轴两轴交汇的重要城市节点，在文博艺术中心组团中扮演重要的形象展示、集散入口的角色。建筑群中的美术馆及档案史志馆两部分功能清晰地分为两个体量，并通过底座平台及屋面挑板锚固成一座整体。

设计的过程是探索建筑与历史对话、建筑与城市对话的过程。建筑原型源于当地商周艺术品与中原历史建筑形态共同点的抽象化表达，使其作为城市尺度的"艺术展品"，以"神似"的模糊意向与精神气韵回溯地域文化。大尺度、力量感的完整形体与规划结构契合。通过中庭组织室内空间，与外部扭面形体对应的外倒斜墙和栈道意象的楼梯结合，引入自然光线，营造了"峡谷"与"盆地"意象的公共空间序列。

设计最大化整合形式与空间语言，介乎于回溯历史与立足场地之间，用简单、整体的方式营造一个属于郑州的"艺术展品"和"活力触媒"。

基地位置 河南省郑州市　　**设计时间** 2015—2016 年　　**建成时间** 2020 年　　**基地面积** 53,558m²　　**建筑面积** 96,775m²

形体生成分析图

原型

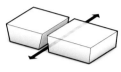

切分

对话

嵌入

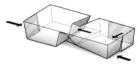

渗透

雕琢

对页：整体鸟瞰

建筑以一个形态完整的"艺术展品"形象放置于城市尺度中，回溯当地的文化记忆；与周边两大主要建筑体量对等，且产生对话，成为连缀城市空间与历史记忆的桥梁。

本页，上：东面面向城市广场的索网玻璃幕墙

在面向城市广场的建筑东立面，设计塑造了一个通透巨大的索网玻璃幕墙，在中庭中形成巨大的框景，展现东侧城市广场中熙来攘往的空间景观。

下：两馆中部连接体公共平台

两馆中部的城市公共空间是一个供市民休憩和远眺的看台，与南水北调干渠和更北的新城行政中心形成对望。

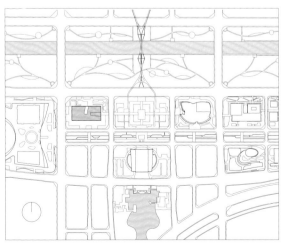

总平面图

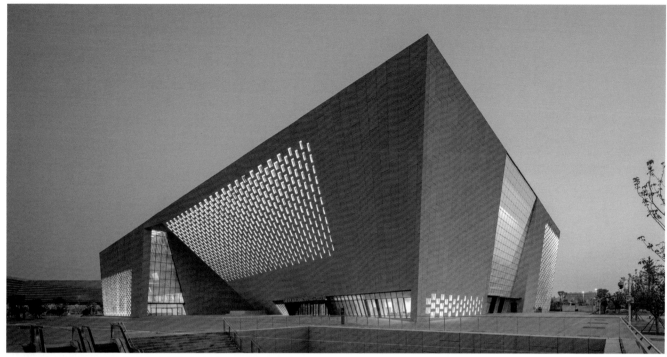

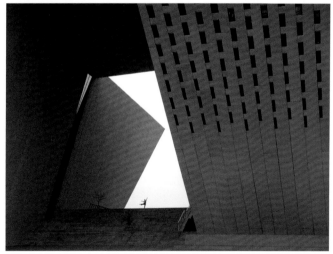

1. 门厅
2. 服务台
3. 档案史志馆接待查阅大厅
4. 档案史志馆查阅中心
5. 档案史志馆目录室
6. 档案史志馆固定大展厅
7. 档案史志馆临时大展厅
8. 美术馆主展厅
9. 多功能报告厅
10. 培训教室
11. 贵宾接待
12. 会议室
13. 办公

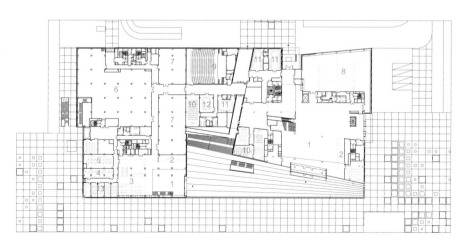

一层平面图

对页，上：美术馆整体形象

建筑形体明朗干脆、线条利落。建筑四周的斜面与切口均对应周边重要建筑或公共空间的环境要素，形体的收与放均与城市对景有关，体现了对场所精神的尊重。

下：两馆间的公共空间与建筑主入口处的巨大扭面

建筑依照两馆的独立功能清晰明确地切分为两个体量，并形成中部共享空间。在形体东南角面向两轴交点挤压体量，形成入口广场，融入城市开放空间。

在建筑东南主入口处灰空间，设计打造了一个标志性的大扭面，塑造了一个不同角度富有微妙变化的建筑入口形象。

本页，上：档案史志馆门厅空间

档案史志馆因为功能特征所限，公共人流被限制在南侧较小的活动区域，设计通过边庭的引入，营造了一个峡谷意象的公共空间序列，各层楼板层层递退，小中见大，结合墙面的灵活开洞和顶部线性天窗的光影形成空间氛围上的节奏感。

下：美术馆中庭空间

作为中庭空间的视觉中心，顶部的天窗细部既是天然光引入与漫射的媒介，同时又以轻巧的姿态包裹了拉结两馆形体的顶部结构钢梁。天窗巨大的尺度传达了结构的力量感，明快的线条又通过变幻的光线雕琢出了细部的精致感。

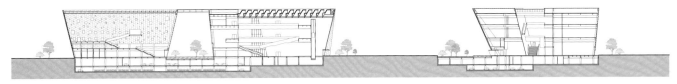

剖面图1　　　　　　　　　　　　　　　　　　　剖面图2

浦东美术馆
The Museum of Art Pudong

浦东美术馆位于上海市浦东新区小陆家嘴滨江核心地段，与外滩隔江相望。设计目标不仅是建成一座高标准的美术馆，还需对周边区域进行功能和景观的整合与激活。设计提出"领地"概念，以在更广的范围实现与城市的共融。

"至上主义"构图的概念被投射到建筑平面构成、立面形式和室内设计风格上。平面上展厅与公共空间并置形成充满张力的构图，自由的立面形式、石材的"雨纹"效果以及室内吊顶图案提供一以贯之的空间体验。

高标准、前瞻性的展厅空间为艺术品提供了良好的运输、保存、布展、展示的条件。美术馆设多个5m 净高标准展厅，适合展览绝大多数架上作品；10m 高特展厅、镜廊展厅、33m 高中央展厅以及可兼顾布展的公共空间，则为现当代艺术提供多样可能性。展厅之间可根据布展需求相连通，提供多种动线组织模式。

基地位置 上海市浦东新区　设计时间 2017—2020 年　建成时间 2022 年　基地面积 13,000m²　建筑面积 40,590m²

对页：整体鸟瞰

美术馆以平和、含蓄的姿态静立江滨，周边楼群与它相映而各自生辉，陆家嘴江岸最后的空地以属于自己的美学而凸显。

从外滩方向看，建筑与江堤叠合成边界鲜明的"领地"。自东方明珠始，通过一片公共绿地，到达美术馆，进而延伸到滨江景观带，沿江展开300余米。区域内的地面和外立面，均采用白色石材铺装。自美术馆二层伸出的长桥，直达江堤。美术馆将东方明珠节点与滨江空间连接，建立了辐射范围非常大的公共活动网络。

本页，上：东立面鸟瞰

为了实现"至上主义"立面构图，外立面石材、金属幕墙划分形式自由。外挂墙板以大幅单元式幕墙板块构成，板块在工厂拼装，采用UHPC作为背衬板，采用预埋件与主体结构连接。板块内是密拼的自由尺寸石材和金属板。

下：从浦西看美术馆立面

正对外滩的镜廊展厅同时使美术馆自身成为融入城市环境的艺术品。西立面外立面为高透玻璃幕墙，内侧墙面为叠加LED屏幕、单向镜面和帘幕的可切换复合墙体，提供多样化的艺术创作背景。展厅外立面可以作为镜子倒映外滩，或通过高透玻璃幕墙展示内部艺术品或LED屏幕上的影像。

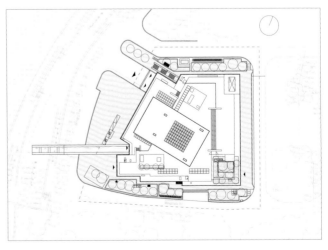

总平面图

1. 主入口大厅
2. 接待 & 售票
3. 公共空间
4. 展览空间
5. 贵宾入口门厅
6. 后勤入口门厅
7. 文化创意空间
8. 美术馆商店 & 咖啡店
9. 库房
10. 员工休息室
11. 客车及装卸车位
12. 地下室坡道

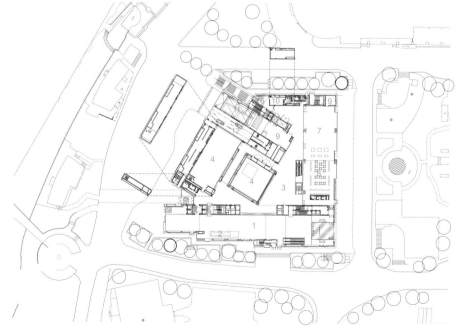

一层平面图

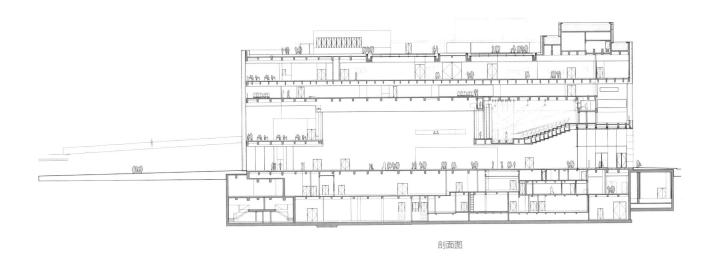

剖面图

对页：镜廊展厅

镜廊展厅的长度 60m、高度 12m，激发着艺术家为特殊空间形态进行定制创作的热情。
展厅西立面的设计解决了立面最大尺寸 3m 宽11.6m 高的夹胶超白中空玻璃如何实现通透性、兼顾节能要求，室内侧巨大的镜面玻璃重点解决了日常维护中的吊装、运输功能，吊顶内展陈装置以及管综的整合、空间舒适度以及避免结露的暖通设计、超大面积 LED 屏幕安装维修等也是该空间设计的技术重点。

本页，上：公共空间

公共空间的平面形态与吊顶图案共同表达着"至上主义"的理念，灯槽作为构图原素集合了所有灯具、展陈设备、风口、喷淋、烟感等多种功能，灯槽的自由布局通过各专业的精细化设计和 BIM 技术的整合协调得以实现。

下：常规展厅

展厅均为无柱空间，标准展厅满足恒温恒湿需求以及重要展品的安防需求，并预留好可供各种布展情景使用的局部灯光、临时用电、音响、投影、屏幕的用电和信号接口，在地板面层内、吊顶哈芬槽内兼顾美观的情况下预留接驳口，方便未来灵活布展。

程十发美术馆
Cheng Shifa Art Museum

程十发美术馆新建工程是"十三五"期间上海市重大工程，兼具收藏保管、学术研究、作品展陈、教育推广、文化交流、公共服务六大功能。同时其作为上海中国画院的艺术展示场所，与上海中国画院主体艺术创作相衔接，院馆合一，是一座集创作研究与收藏展示为一体的国家重点现代美术馆，也是海派美术传承和发展的重要平台。

项目位于上海市长宁区，基地周边被高层建筑紧密包围，用地规模极为紧张。为应对这一挑战，设计突破三维空间的局限，以"叠院拾径"作为理念，以中式营园手法塑造了多个空中花园，在与北侧虹桥中心花园隔路相望的同时，赋江南文化于建筑写意，为上海这座海纳百川的城市打造了一个拥有地域文化特征和中式审美的美术馆。

基地位置 上海市长宁区　　**设计时间** 2017 年　　**建成时间** 2019 年　　**基地面积** 7,129m²　　**建筑面积** 11,500m²

形体生成分析图

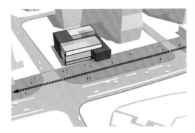

沿街部分及朝向公园大幅悬挑，释放底层空间

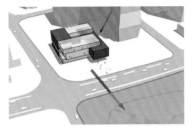

主要公共空间面向虹桥中心绿地公园

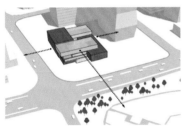

设置面向公园及高架的三层观光厅

对页：整体鸟瞰

设计从程十发深厚的人生与艺术积淀及多元的海派文化背景中汲取灵感，取意海派书画艺术兼收并蓄、东西交融的精髓，通过层叠错落的形体组合，虚实体量的材质对比，动静功能的空间变化，塑造出现代而富有雕塑感的美术馆造型。

本页，上：沿街人视

美术馆的形体主题为虚实体块的并置与交错，一如海派艺术中东西方文化的对撞，通过功能体量的相互堆叠产生建筑形体的基本逻辑，这种交错堆叠产生的螺旋上升空间亦是对程十发一生艺术成就的建筑隐喻。

下：序厅人视

美术馆的内部空间及展厅延续叠合的整体逻辑，以起合回转间的数个平台院落将各个区域整合入一条空间的路径中，如将园林徐徐展开于方寸间。将海派艺术融汇现代与传统、东方艺术与西方美学的智慧引入对城市与建筑、路径与空间、艺术与公众的思考中，这正是程十发美术馆的设计理念。

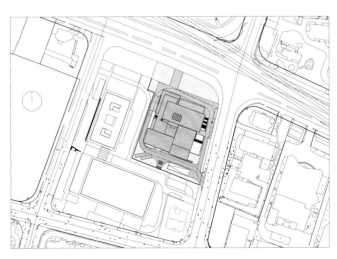

总平面图

一战华工纪念馆
Memorial Hall of Chinese Laborers at World War Ⅰ

一战华工纪念馆是为了纪念第一次世界大战期间中国向欧洲战场派出的 14 万名劳工而建设的。建造场地位于山东省威海市大海边的一处石崖,通过找寻细微的场地线索切入建筑设计,采用地景建筑的手法隐匿建筑体量,使建筑融入滨海自然环境。从石崖上方劈开的通道把人直接引往海边的纪念地,同时构成一个地下展馆的进入路径,十字形的采光缝暗示着近代中国所处的十字路口,建筑将场地特征与事件的意义集结在一起。该项目是中国首个被动式低能耗的纪念馆建筑。

基地位置 山东省威海市　　**设计时间** 2015—2017 年　　**建成时间** 2017 年　　**基地面积** 6,921m²　　**建筑面积** 2,335m²

对页：指向大海的通道

建造场地位于大海边的一处石崖，从石崖上方劈开的通道把人直接引往海边的码头遗址，同时构成一个地下展馆的进入路径。

本页，上："大海边的"十字架""

地下展馆的进入路径结合主入口的放大形成一个方形的驻留空间，地面之上空无一物，只留下一个十字形的采光缝，这可以理解为近代中国所处的十字路口，设计尝试将场地特征与事件的意义集结在一起。

下：俯瞰纪念馆与环境关系

项目用地选在海源公园北面的一处临海石崖，经过对场地的仔细勘察，找寻细微的场地线索切入建筑设计，最终采用地景建筑的手法隐匿建筑体量，使建筑融入优美的滨海自然环境。

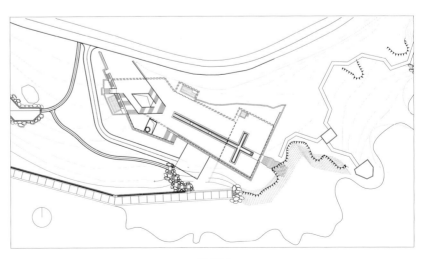

总平面图

娄山关红军战斗遗址陈列馆
The Site Museum of Loushanguan Battle

娄山关红军战斗遗址陈列馆位于充满历史记忆与壮丽景观的遵义大地上。探索以极简、抽象的建筑语汇诠释历史事件的可能性与生成逻辑，尊重场所自然属性，构建自然时空。

出于对自然地形的尊重，将建筑主体功能置于地下，构成的基本元素仅为两道交叠围合的曲面，形成垂直墙面与水平坡道，在下沉的展陈空间上方及四周围合一组开放或半开放的空间。

建筑以平静、冷峻的语汇述说历史故事，表达战事的艰苦与残酷，营造文学意境。通过材料的初始质感与不事雕琢的体量间"刚性"交接，构建历史事件的自然时空，使之成为传达概念与意境的工具。

建筑细部延续抽象构建的原则，借鉴当地传统的材料及建造方式，探究在建筑的本体呈现的同时，表现其他意义的诗性可能。

基地位置 贵州省遵义市　　**设计时间** 2015—2016 年　　**建成时间** 2017 年　　**基地面积** 6,056m²　　**建筑面积** 9,000m²

手绘概念草图 ————————

对页：航拍北侧鸟瞰

周边山体地势北高南低，陈列馆采取"自然缝合"策略，顺应山势对现状进行微地形改造。从盘山公路进入场地后，场地分列成一起一伏两条路径：一片水平的曲面由南向北逐渐升起，直至北侧上山步道，恢复自然山地连续完整的地形景观；另一片则缓慢下行至主入口。建筑水平地伸展匍匐于山谷之中，与大地融为一体。

本页，上：航拍南侧鸟瞰

项目位于娄山关景区通往战斗遗址的道路关口上，四周群山环绕。建筑消隐融合于山峦起伏的自然环境之中，尊重场所自然属性，构建自然时空。

下：入口广场外景

露出地表的两道垂直与水平的曲面交汇处形成建筑的主入口。垂直曲面从地面升起，在场地的东北角达到最高点，以"关口"的形态回应基地东北角的峡谷，给人以"雄关"的联想。其外表面所覆耐候锈钢板自然形成血红色，渲染战斗悲壮与惨烈的气氛，引人无尽遐想。

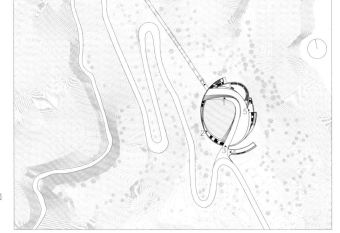

1. 主入口
2. 办公入口
3. 前广场入口
4. 车库卸货入口
5. 疏散出口
6. 上山台阶

总平面图

上：入口灰空间回眸

参观者到达陈列馆门厅后回眸，远方群山、夕阳的静谧倒影与近景建筑浑然一体，"苍山如海，残阳如血"跃然眼前。建筑以平静、冷峻的语汇述说红军铁血长征的那段峥嵘岁月，反衬出当年"马蹄声碎，喇叭声咽"的喧嚣。

左：东侧下沉庭院

陈列馆不同材质之间通过恰当的连接方式来构建具有表现力的场所空间。庭院的挡土墙构造汲取贵州黔东南的石板房民居特色——屋顶采用薄石板一层压一层铺砌，墙体通过大小青石块干砌而成，断面则完全暴露石材加工留下的自然斧斩面。这些石材通过大小相间，横竖错缝的方式砌筑，形成类似"层积岩"的断面，以模拟山体挖开后的自然形态。

右：庭院坡道

垂直墙面与水平坡道交叠围合，不经意间在下沉的展陈空间上方及四周形成一组开放或半开放的空间场所——水池、庭院和廊道空间，各自不同的功能特征与纪念氛围，营造出漫游路径的场所叙事。

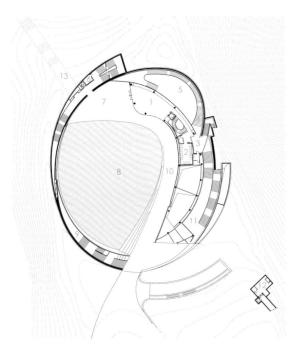

一层平面图

剖面图

1. 入口门厅
2. 贵宾室
3. 室外平台
4. 室外楼梯
5. 下沉庭院 1
6. 售票
7. 主入口室外广场
8. 景观水池
9. 下沉庭院 2
10. 室外广场
11. 下沉庭院 3
12. 机房
13. 百丈梯

长宁县竹文化馆
Changning Bamboo Culture Center

长宁县竹文化馆位于四川省宜宾市长宁县双河镇，作为"6·17"地震灾后重建工程中的项目之一，是一项试图通过构建文化与自然的连接来重新激活受创空间的尝试。设计再现了当地宅、田、林、水相融合的"竹林盘"风貌，将建筑体量分散、消解在成簇的竹子中。建筑概念取自古代文人归于自然的竹亭空间原型，从对自然的感知出发，就地取材，以原竹绑扎的竹拱为结构单元，将竹材物性的真实表达作为其形态的逻辑。

竹拱采用直径 80mm 的原生竹子，每 22 根固定为一组，最小拱跨度 25.7m，最大拱跨度 42.7m，以空间错位的方式搭接，小跨度拱为大跨度拱提供支撑，保持不同跨度拱的截面尺寸一致，形成流动往复的自然空间。建筑外露结构设保护层，可置换更替；弹性可变的节点减少竹结构变形对幕墙体系的挤压。建筑最大化保持了材料原真性与空间完整性，伴随手工营造技艺的运用，将缘地建造过程本身作为在人本与环境间构建关联性的一次尝试。

基地位置 四川省宜宾市　设计时间 2020—2021 年　建成时间 2021 年　基地面积 8,992m²　建筑面积 1,544m²

竹材建构体系

竹拱体系

檩条与竹片网格

竹稍屋面

幕墙围护结构

对页：整体鸟瞰，"竹林盘"般的布局

双河人随田而居的生活模式衍生出宅、田、林、水相融合的"竹林盘"风貌。受此启发，设计将建筑体量一分为三，分别承载展厅、多功能厅和茶室功能，成簇的竹林与竹屋互相掩映，围合出院落，成为展示当地多样竹种的天然博物馆。弯曲的屋顶和微妙的起伏恰似对近旁山形的回应，使当地环境内化为设计要素。

本页，上：室外庭院，透明性因功能而异

建筑以原竹绑扎的拱结构，对竹子受弯的张力状态进行刻画，将竹材物性的真实表达作为其形态的逻辑。设计有意控制拱间距的变化规律，将平面拱单元依循角度递增的数理原则推演生成空间结果，以求在曲线的挤压与张拉中呈现蕴含在材料中的弹性与韧性潜质。

下：展厅室内，小跨拱支撑大跨拱

竹材经防腐浸泡处理，绑扎成束后柱础结合现浇混凝土固定，并烤弯定型、依次叠加形成嵌套的双螺旋结构组合形式。拱脚在室外落地，围绕建筑环列，与通透的室内无柱空间互动。

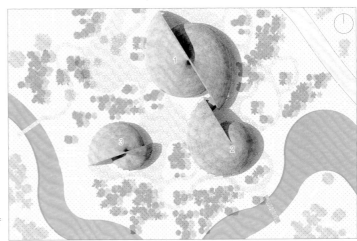

1. 展厅
2. 多功能厅
3. 茶室

总平面图

碧道之环：深圳茅洲河展示馆
The River Ring: Shenzhen Maozhou River Exhibition Hall

深圳茅洲河展示馆是茅洲河沿岸生态修复的重要节点，总建筑面积约 1,500m²，功能包含水文科教展示区和市民公共服务区（咖啡厅、书吧、便民服务等功能）。人们通过新建筑追溯茅洲河过往的记忆，并获得独特的亲水场所体验。

基地位于深圳市宝安区北隅松罗路、洋涌路交汇处，与燕罗湿地公园隔河相望，设计采取"低影响"策略，建筑顺应基地的轮廓从城市一侧向河面自然隆起形成三角形"绿丘"，并利用岸线高差形成层层跌落、多级净化的的"梯田水景"生态湿地。"绿丘"之上，为一个直径约 30m、最大悬挑 14m 的白色钢结构观景圆环，形成项目的标志性特点和拥有 360° 视野的最佳观景点。

基地位置 广东省深圳市　　设计时间 2019—2020 年　　建成时间 2020 年　　基地面积 24,055m²　　建筑面积 1,497m²

形体生成分析图

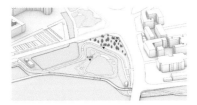

场地自然条件优越，绿化丰富

采用地景式建筑，最大化维持原有绿地

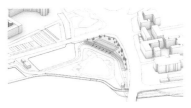

沿临水侧置入条形功能体块

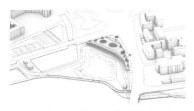

以圆形为母体，切割出主次入口、庭院与球幕所在位置

置入碧道之环观景平台，形成自然生态的景观过渡区

对页：掩映在"梯田水景"中的展示馆

从河畔观望，整个建筑"消隐"在湿地的芦苇丛中，展现了建筑与自然融合的界面。

本页：建筑中心的圆形水院

这是"天空的容器"，只有庭院围合出的圆形天穹和它在镜面水池中的倒影。它是极简的，白云的游走和墙壁上光影的蔓延显露时光静好。它又是至繁的，环、梯、庭在其中投射出纷繁错叠的景象，展现出世界变化莫测而又普遍联系的一面。

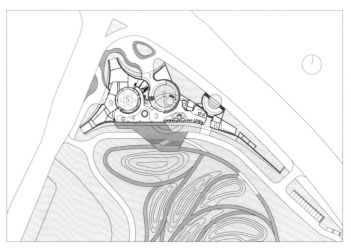

1. 主入口
2. 水院前庭
3. 门厅
4. 互动展示区
5. 球幕展厅
6. 咖啡吧
7. 书吧
8. 消控室
9. 回迁警署

总平面图

浦东新区青少年活动中心及群艺馆
Pudong Adolescent Activity Center and Civic Art Center

浦东新区青少年活动中心及群艺馆坐落于上海市浦东新区文化公园内，毗邻浦东图书馆、浦东城市规划展览馆。作为浦东新区"十三五"期间"3+3"重点文化项目，项目的落成进一步完善了浦东新区文化公园布局，提升了浦东新区文化软实力。其中的青少年活动中心是浦东新区教育文化事业对外展示和交流的窗口，群艺馆是浦东中外文化艺术创作、交流、展示和研究的重要基地。

设计采用了一个多层交互的平台聚落系统。这些平台构成了两个套接的"回"字形庭院结构，西侧庭院对接地铁广场，主要面向剧场和群艺馆；东侧庭院绿地环绕，主要容纳青少年活动。平台上自由分布着各种体量的盒体，包括剧场、展厅、文体活动室，以及大堂、咖啡厅、餐厅等服务空间。

大而整的平台回应城市的空间尺度，小而散的盒体回应个体的身心尺度，二者的结合不仅为建筑内部的活动提供了怡人的空间，也通过与环境的交融使这座建筑成为城市生活的公共舞台。

基地位置 上海市浦东新区　设计时间 2016 年　建成时间 2021 年　基地面积 51,947m²　建筑面积 87,353m²

形体生成手绘图 ————

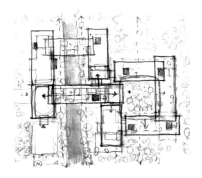

对页：整体鸟瞰

独立与联结：本项目的整体规划分为三大部分。第一部分为二者之间的共享区，第二部分为青少年活动中心的独立功能区，第三部分为群众艺术馆的独立功能区。通过二层的跨河平台串联起青少年活动中心与群艺馆。从总体布局到单体设计，力求做到分区合理，流线清晰，同时注重各区域有机、有效的结合。

本页，上：青少年活动中心透视

错动与穿插：建筑形态采用板式意向，在空间上互相穿插，营造出充满活力的多层次复合空间。建筑外立面主要采用落地超白玻璃和木纹百叶，屋顶为浅灰色钛锌板屋面，上人屋面设计为绿化屋面。其时尚简约的风格、柔和协调的色调，体现出建筑优雅轻盈的气质。

下：群艺馆大剧场内部透视

结构逻辑与空间美学：建筑室内外重点空间采用了"Y形柱"的建筑元素，组合在一起仿佛一棵棵大树，隐喻建筑根植于自然之中生长，撑起一片少儿游弋的天空。设计集感性与理性于一体，是结构逻辑与空间美学的一次完美结合。

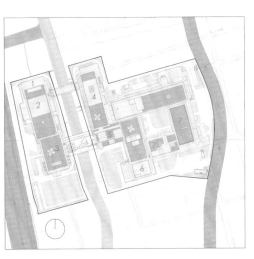

1. 多功能厅
2. 大剧场
3. 主入口大厅
4. 群艺馆
5. 餐厅
6. 少儿剧场
7. 青少年活动中心

总平面图

咸阳市市民文化中心
Xianyang Civic Cultural Center

　　咸阳市市民文化中心作为大型文化综合体，在满足复合功能、超大规模以及综合需求的前提下，从使用者的角度出发，以舒适尺度构建人们对场所的感知；以形意相生的方式唤起文化心理与形式的关联；以和而不同的方式回应人们对使用空间的多样需求；以弥漫式探索的方式回应人们对路径与线索的感知。设计将不同功能与空间特征的九大文化场馆聚合在统一的形态逻辑下，个体之间借助文化长廊、文化内街等一系列共享空间系统渐次展开，通过场馆布局的变化建构出强烈的形态合力，场馆个体的特征通过其内部独特的公共空间系统表达。设计力求创造一种触手可及的、自发生长的、游目观想的日常状态，唤起人们从功能、文化及空间层面对建筑全方位、多层次的理解与感知。

基地位置 陕西省咸阳市　　**设计时间** 2012—2016 年　　**建成时间** 2017 年　　**基地面积** 119,023m²　　**建筑面积** 155,000m²

形体生成分析图

各场馆以平等的关系并置

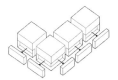

分别分离出部分共享面积

分离部分整合为文化长廊

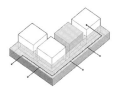

各馆可分时共享长廊空间

对页：文化中心雪景鸟瞰

咸阳市民文化中心刻意规避了大开大合的激荡之作，而更关注谋局的智慧，通过合宜的尺度和关系的建立，让看似简单的个体相互间因借生长，保持着适宜的距离和张力，不断发展成为和谐共生的复杂系统，渐次扩展出丰富的空间体验。

本页，上：立面远景

咸阳文化中心的布局从常见的主从关系与轴线秩序中跳脱出来，力图实现一种相对置与并存的状态，并置产生的交集是设计的突破点与亮点。在一个由合宜的建筑尺度控制的场域中，空间形态均以抽象的几何形体呈现。

下：文化内街

九大场馆如同同时落入水中的九粒石子，各自激起水中的涟漪，这些涟漪相互交叠产生联系，作为共享空间的文化长廊与文化内街就是涟漪最接近石子的部位，也是激发公共活动最活跃的场所。

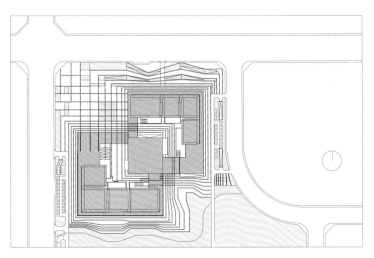

总平面图

西安高新国际会议中心一期

Xi'an Hi-tech International Convention Center Phase I

西安高新国际会议中心一期的总建筑面积 30,656m²，建筑高度 23.79m，主要包含大型礼堂、中型礼堂、无纸化会议室、中型会议室及相关配套等功能。本项目是西安举办的全球程序员节和硬科技大会的永久会址。超快速建设、高水准设计、城市形象提升三大目标，是项目设计需要平衡的重要因素。

传统与现代的当代融合是该项目方案构思的核心。设计上提取中国传统建筑中的屋顶、挑檐、梁柱等元素，传承唐代建筑中轴对称、出檐深远、庄严舒朗的建筑风格，在现代主义的基本框架下，达到建构逻辑和外在表现的融合与统一。

在紧凑的设计与施工周期内，该项目通过模数化与单元化建材组合，配合全程 BIM 辅助一体化协同设计与施工，结合关键节点精细化建模，实现令人满意的建成效果。

基地位置 陕西省西安市　　**设计时间** 2018 年　　**建成时间** 2018 年　　**基地面积** 15,113m²　　**建筑面积** 30,656m²

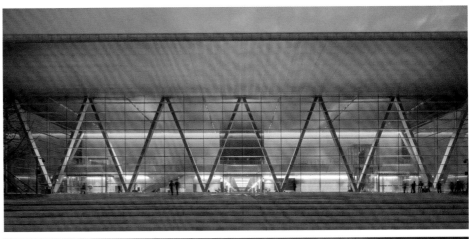

对页：北立面透视

主玻璃幕墙采用横明竖隐构造体系以增加建筑界面的水平方向感，将人们的视线延伸至更远处，穿过另一层界面望向城市的远方，实现多维度空间感知叠合的效果，强化空间的透明性。

本页，上：正立面透视

玻璃大厅好似对城市发出邀请，以一种开放的姿态吸引路过的人们。透过玻璃可以清晰地看见内部墙体，进深方向被压缩，横明竖隐的玻璃幕墙构件与二层悬挑楼板将人的视线不断往水平方向扩展延伸，强化玻璃纯粹无边的透明感。室内外一体的橙色悬挑屋顶强化了门厅的通透性，而连续的 V 形支撑结构，清晰地表达了整个空间的受力关系，并且增添了空间的动态。

下：一层门厅局部细节

吊顶采用橙色阳极氧化铝板、墙面为哑光白木纹大理石、地面采用哑光灰色石灰岩，形成简洁现代并且具有未来科技感的室内风格，突出"全球程序员节"与"硬科技大会"的主题。

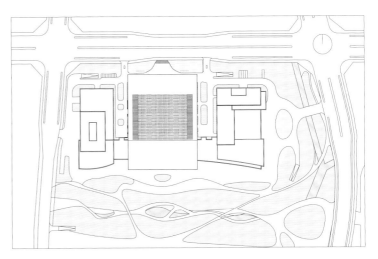

总平面图

金坛图书馆
Jintan Library

金坛图书馆的设计实践是文化建筑介入行政文化复合中心区并带动城市新区活力提升的典型，在空间和时间向度上都具有开放性与可识别性。

城市性诉求：基于时间和空间上的多维开放目标，在建筑与城市相互作用的外部边界，设计将方形单体化解为三片横向体量，错动后自然形成平台和覆盖空间，为读者提供休憩空间和半室外城市灰空间。

文化性营造：基于对地域吴文化的当代演绎，设计将体量的虚实处理暗含了有无相生的理念，外立面花岗岩幕墙体系采用微妙的"褶皱"表达刚柔并济的特质。

共享性体现：以人为本的复合阅读空间体现为虚空的内部树形空间自下而上生长，并横向伸出枝节，串联地下展厅、首层培训教室和地上阅览空间。流线通过对多义公共核心的变形、解体，实现与漫游路径的结合。

基地位置 江苏省常州市　　**设计时间** 2013—2014 年　　**建成时间** 2017 年　　**基地面积** 9,393m²　　**建筑面积** 15,527m²

对页：西北角透视

错动体量根据内部功能而厚薄不一，大跨度的悬挑充满力量感，简单原始的形体具有当代立体构成感，而且随着观看角度的改变，构成形式也随之变化。

本页，上：立面构成局部透视

外立面采用"花岗岩＋玻璃"幕墙体系，材质、颜色与办公主楼相近，与之形成呼应，而横向线条又使二者有所区别。横向肌理根据南北和东西光线的差异采取不同的处理方式：东西面采用一个长条梯形模块，进行镜像之后构成了微妙的"褶皱"，而南北面顺应东西面的分隔线生成粗细变化的横线，表现文化符号上的肌理、意象。

下：入口透视

错叠体量存在局部跃层空间和大跨度建筑布局，结构设计结合外形错位悬挑及局部空间跃层稀柱的布置特点，通过质量分布及刚度分布的定量分析优选个别梁柱截面，使抗侧刚度整体均衡。对悬挑跨度较大的框架梁采用后张有粘结预应力混凝土结构，同时对大悬挑梁板区域进行多工况人行荷载激励分析，确保使用舒适性，符合规范要求。

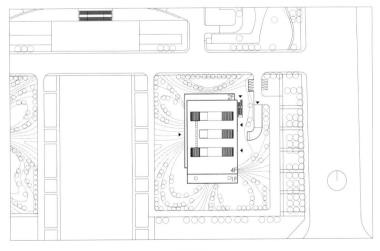

总平面图

OFFICE, INDUSTRIAL PARK

办 公 、 产 业 园 区

绿地·中央广场南（北）地块
Greenland·Central Plaza South (North) Plot

绿地·中央广场位于河南省郑州综合交通枢纽西广场H地块，郑州东站西侧。郑州东站的建筑体量相对低矮平坦，是交通枢纽区的中心。绿地·中央广场283.915m高的超高层双塔，与郑州东站建筑形成鲜明对比。如果说郑州东站为水平向伸展的建筑，那么超高层双塔楼则定义了交通枢纽区的竖向结构。作为郑州市的黄金地带，这一区域所要建设的是个性鲜明的建筑，以创造郑州新城极具特色的地标建筑。

项目的设计与几千年来黄河水体形成的郑州独特的景观建立了紧密的联系。建筑造型宛如黄河两岸，采用弧形勾勒出柔和、优雅的轮廓。塔楼的设计上打破惯常手法，旨在设计一个生动、多元化而极具雕塑感的建筑体量。在标准楼层中嵌入了两层的通高空间，这些空间位于风车形楼层平面的两侧，每八层旋转90°，营造出生动的塔楼造型。建筑形体如同缠绕的丝带，错落交织的空间形成数个空中大堂，极具现代气息，是一个反映城市形象的新景观。塔楼设计为明框玻璃幕墙，结合竖向装饰翼，既突出建筑的竖向感，又强化项目柔和的曲线造型，同时形成简约而精致的建筑细部。

基地位置 河南省郑州市　　**设计时间** 2010—2012年　　**建成时间** 2017年　　**基地面积** 42,156m²　　**建筑面积** 682,082m²

形体生成分析图 ——

基本结构

柔和曲线

空中大堂

连续界面

对页：整体鸟瞰

项目坐落于郑州城市的主轴上面向市中心，直指郑州东站，并在综合交通枢纽西广场临近公共绿地一侧构成大门的意象，同时两个 L 形配楼与塔楼形成环抱姿态，成为郑州城市天际线上的重要标志。

本页：西北角透视

双塔建筑形体如缠绕的丝带，错落交织的空间形成数个空中大堂，作为公共空间垂直分布于塔楼内部。位于高空的空中大堂及设于 240m 高度的室外平台更是为来访者营造了独特的空间体验。

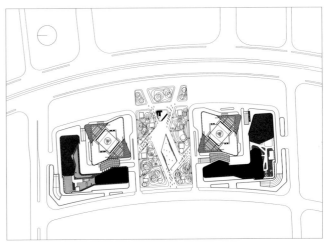

总平面图

古北 SOHO
Gubei SOHO

古北 SOHO 位于上海市长宁区，于 2019 年 1 月竣工，由 2 栋高层建筑组成，其中主楼为 169.9m 的超高层办公塔楼，辅楼为商业配套用房。

项目建筑造型的灵感源于罗马尼亚的"无尽之柱"，像音乐的乐符一样无限延伸下去，直至天空的尽头。这种简洁而具冲击力的外观体现了现代建筑技术在彰显几何形态纯粹美的同时，尽量挖掘理性可持续建筑的可能。

建筑形体呈现出一个不断循环的折线形，在这个曲折向上的过程中，建筑遇到各种不同建构元素的交接，与下沉广场的交接、与入口雨篷的交接、与连廊天桥的交接。通过节点设计，不同的建构元素通过统一的建筑美学语言得以贯通，最终汇集成了一座具有审美价值并充满细节的建筑。

基地位置　上海市长宁区　　设计时间　2013 年　　建成时间　2019 年　　基地面积　16,558m²　　建筑面积　158,648m²

形体生成分析图

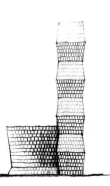

"无尽之柱"雕塑和概念草图实体模型

实体模型

对页：总体鸟瞰

古北 SOHO 北临虹桥路主干道，西靠玛瑙路，南至红宝石路，东临伊利路。项目将伴随着古北地区的发展，成为工作、休闲、娱乐、思想与资本交流的活力区域。所有这些条件缔造了一个多功能综合体，成为长宁区乃至整个上海市新的标志性建筑。

本页：玛瑙路红宝石路街角透视

项目地上部分由超高层主楼和高层辅楼组成，其中超高层主楼设置于基地北面靠虹桥路一侧。北侧城市公园绿地与项目地块隔虹桥路相望，并一直延伸至延安路高架，因此塔楼在视觉上成为了北侧虹桥路至延安高架之间区域的焦点，也成为本地块的天际线制高点。辅楼高度为54.9m，设置于基地的南侧，向南贴临红宝石路，辅楼在高度上与基地西侧高岛屋商业建筑接近，从而在玛瑙路上形成了舒适的视觉联系，将整个区域的形象统一起来。

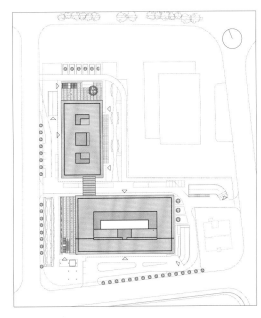

总平面图

本页，左：主楼平视

项目在外立面设计中运用了单元式整体外窗系统，通过模数化的外立面切分形成一种韵律。这种处理方式形成了古北 SOHO 简洁并富有节奏感的立面形式，正如黑格尔所说"建筑是凝固的音乐"，这些带有节奏感的结构及幕墙元素，强化了这种感受。

右：辅楼内中庭仰视

在辅楼中庭处，充分体现了设计的整体感，中庭四周通过金属隔栅折线向上，形成了一个与外立面造型一脉相承的节奏感，使整个空间由外而内，由内及外。

对页，左上：雨篷透视

主入口雨篷的处理上，将雨篷边缘厚度保持与主体铝板幕墙横向条带宽度一致，在雨篷悬挑一侧形成与主体建筑呼应的折线造型，映衬出主体建筑几何化的造型。

左下：连桥仰视

主楼和辅楼在高空通过连桥连接，既从功能上将商业和办公有机结合起来，方便办公人流到达商业区域；又通过简单的几何化处理将两个简洁的体量有机结合起来。

右：下沉广场透视

在下沉广场的立面设计时，考虑到与主体建筑的折线产生呼应，在立面上用同样斜度的玻璃幕墙与主体建筑的铝板幕墙框架交接在一起，使下沉广场成为主体建筑体量的有机延伸。

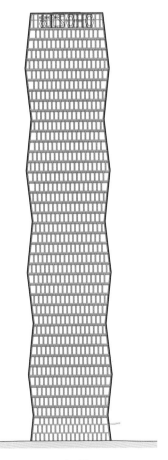

1. 门厅
2. 商铺
3. 办公
4. 电梯厅
5. 前室

立面图

一层平面图

交通银行金融服务中心（扬州）一期
Bank of Communications Financial Service Center (Yangzhou) Phase I

交通银行金融服务中心（扬州）一期地处江苏省扬州市广陵新城中央商务核心区，与"京杭之心"隔街相望，建成后成为展示交通银行企业文化，体现扬州广陵新城城市新貌的重要建筑群体。

设计基于对基地和周边环境的分析，考虑到不同功能区域的使用要求，最终采用在突出园区对称性和延续性的基础上，以庭院围合为主的布局形态，在有限的用地中合理布局办公、会议、住宿、餐饮、健身活动等多种功能，依托内向性的庭院，打造人性化自然的活动空间。

双塔形成的建筑群如轮船"扬帆启航"，稳重中透着灵动之气。形体向水平、竖直两个方向伸展。高层体量的组合强化了建筑沿文昌东路的形象，报告厅、半围合内院等空间形体的加入优化和活泼了内部空间，创造出人性化、景观化的舒适环境，体现以人为本的理念。

档案馆玻璃立面肌理灵感源于扬州传统园林常见的窗花纹，"冰裂纹"的幕墙纹理，将传统历史记忆通过现代转译，连接古今。

对页：整体鸟瞰

以双塔造型面向文昌东路，形成交通银行在扬州的地标形象。

本页，上：北侧档案馆、食堂宿舍楼

采用竖向线条形成一个整体的同时，顶部采用横向檐口统一，形成整体感。

下：主塔楼礼仪入口

主楼双塔以强烈的竖向线条体现建筑气势，也表达积极向上的企业文化。

1. 食堂 & 宿舍
2. 档案库
3. 多功能厅 & 接待大厅
4. 业务办公
5. 活动中心 & 营业网点

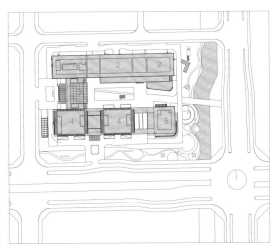

总平面图

中国移动江苏公司镇江分公司物联网产业大厦和第三机房楼

China Mobile Jiangsu Company Zhenjiang Branch IoT Industry Building and the Third Computer Room Building

中国移动江苏公司镇江分公司物联网产业大厦位于江苏省镇江市新行政商务核心区域南徐新城，紧邻镇江城铁站、高铁站，基地西临连接老城区与新城的檀山路，北侧为地税局，南侧为江苏银行，东侧为城市绿地。如何在规整的场地里满足复杂的内外功能，塑造体现行业特征和镇江特色的建筑及场所成为设计的出发点。

设计基于对基地和周边环境的分析，考虑到不同功能区域和分期建设的使用要求，选择板式高层与裙房相结合的空间布局和形体组合，建筑在最大程度地利用南向采光面的同时，避免过大的进深，以提供良好的工作环境。主楼与机房相连，设计成一个整体，并采用统一的设计手法，整体造型上下连贯，宛如中国书法一样苍劲有力，一气呵成。半内院式布局在保证完整城市界面的同时，创造出丰富的空间层次和序列。整体建筑造型现代简约，多个体块的交错和连接，展现了中国移动在沟通和交流中起到的桥梁作用。立面构件的节奏变化呈现出透明到半透明的变化表情，以轻盈理性的建筑语言展现中国移动5G时代的技术特征。

基地位置 江苏省镇江市　　**设计时间** 2013 年　　**建成时间** 2019 年　　**基地面积** 20,900m²　　**建筑面积** 34,595m²

对页：整体鸟瞰

设计为兼顾内外采用了半围合式格局，沿街布置高层保证了整体的城市景观和空间感，使得建筑形态和城市天际线更有活力，立面西部处理以及建筑色彩上与周边建筑有所不同，张而不扬，赋予建筑一定的标志性。

本页，上：东南侧实景

大楼在建筑形体设计上大气、简约，远眺建筑挺拔向上，和而不同；近观建筑则细节丰富，构造精美，展现通信讯行业蓬勃向上的生命力和严谨高效的行业精神。

下：西南侧实景

设计上结合机房楼的功能，避免采用大面积的玻璃幕墙，主体建筑采用石材、铝板和玻璃幕墙形成质感的对比，凸显建筑形体的体量与虚实的变化，既保证了室内人员具有开阔的视野，又有效控制了立面的玻璃面积，做到开敞与节能的有效结合。

总平面图

天安金融中心
Tian'an Financial Building

　　天安金融中心位于上海市世博会地块会展及商务区 A 片区的核心位置，是后世博开发的重点区域之一。项目西北面向黄浦江，东南面向城市绿地，拥有绝佳的景观视野与绿化环境。周边与绿谷综合商务区相邻，该区域同时拥有梅赛德斯奔驰文化中心以及中华艺术宫等地标建筑。本项目为天安财产保险公司的总部大楼，是为满足集团总部办公、技术、培训、会议、研究、形象展示、员工活动功能及发展要求并兼具价值增值潜力而建设的 5A 甲级写字楼。办公主体塔楼立面竖向线条取意黄浦江水的流动形态，引"江水"入建筑，使建筑在拥有厚重金融历史感的同时，也具有细水长流的隐喻，充满蒸蒸日上的动态感。竖向线条最终汇聚到塔顶，形成"水聚天心"的格局和居高临下的磅礴气势。

| **基地位置** 上海市浦东新区 | **设计时间** 2015 年 | **建成时间** 2020 年 | **基地面积** 7,391m² | **建筑面积** 69,850m² |

对页：整体鸟瞰

总部大楼主体塔楼沿国展路与博展路布置，远眺黄浦江。

本页：立面外观

办公塔楼挺拔的切面石材凸显厚重质感，镶嵌古铜金属形成材质对比的精致感；转角窗扇修正了 45° 基地朝向，避免了高密度办公楼栋间的视线冲突。商业主入口处富有韵律的双层呼吸玻璃幕墙设计打造了一个钻石般晶莹剔透的入口形象；立面石材至上而下延续至办公主入口处截面的戏剧性变化，在细节中刻画出庄重典雅、百年隽永的金融企业形象。

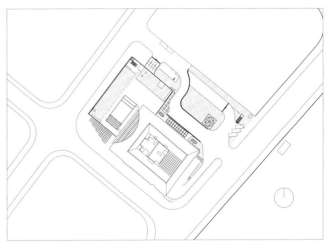

总平面图

博华广场
One Museum Place

　　博华广场位于上海市静安区，用地面积 17,937m²。地块南侧隔山海关路为上海自然博物馆，地块东侧邻大田路为地铁 13 号线自然博物馆站。项目是一幢建筑高度为 249.85m 的超高层建筑。

　　本项目定位为建成一个能可持续发展的，集办公、商业于一体的生态、节能、智能型办公楼。项目在已建成的地下室结构基础上，通过合理设计拆除混凝土、连接新旧剪力墙、新增承担侧向力墙等方案，确保改造及加固部分既安全又经济，同时适应新的塔楼和裙房设计。由于工程地下空间紧邻地铁 13 号线，为配合 13 号线的建成运营，设计内容还涵盖了地铁出入口及配套设施，需同时满足本项目及地铁的使用要求。项目的设计和建设皆秉持最高规格品质和可持续发展的理念，成为上海首批荣获 LEED 铂金级预认证的办公楼之一。

基地位置　上海市静安区　　设计时间　2013 年　　建成时间　2018 年　　基地面积　17,937m²　　建筑面积　183,363m²

幕墙类型分析图

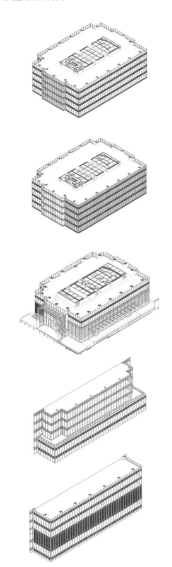

对页：夜景鸟瞰

这片街区与上海传统的石库门建筑相互交织，将在时间的历练下，演绎独有的个性魅力。在充分分析了用地周边环境及道路关系后，延续原设计塔楼位置，将塔楼部分贴近用地北侧布置，将作为商业用途的裙房沿用地南侧布置，延续规划中"绿楔"的概念，将其延伸至地块东侧景观广场中，并在裙房设置层层收进的大型户外绿化露台，使其在形体和室外环境上与自然博物馆形成呼应。

本页，上：石库门街景；下：办公大堂

办公楼采用全景大落地玻璃幕墙，使得明亮的自然光线深入到每一个租户的室内空间。办公楼的大堂，采用大理石、不锈钢和玻璃等经典的建筑材料作为装饰，呈现出现代又高效的特点。

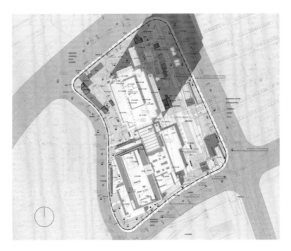

总平面图

深圳汇德大厦
Shenzhen Huide Tower

深圳汇德大厦为与深圳北站相邻的地块城市交通节点上的综合体，设计利用便利的交通条件、人流的门户效应，高密度和立体环境叠加，塑造出集合酒店、办公、公寓、商业等复杂业态与独特形式的建筑。

垂直城市结构：项目以交通为导向，在垂直方向展开多种功能。主体为一座高258m的甲级写字楼和五星级酒店，以及一座高100m的酒店式公寓。塔楼以商业裙房相连，并与周边北站平台商业、交通体系无缝连接。

旋转塔楼造型：塔楼利用北站站场和民塘路的11°夹角，通过形体多次旋转，形成一系列旋转切角，微妙几何变化产生了向上的动感，与站场和城市道路形成了良好的对话，充分尊重了城市的现有空间结构。产生空间进深的差别，自然解决下部办公和上部酒店对进深的不同要求。

三角空中大堂：塔楼在竖向旋转收分，在每一个立面的不同高度，自然形成空中大堂或共享空间。中庭中倾斜角度达到23°的结构柱是项目设计中关键技术，为超高层建筑设计史上竖向结构的超大角度。

基地位置　广东省深圳市　　设计时间　2014年　　建成时间　2019年　　基地面积　19,274m²　　建筑面积　248,512m²

形体生成分析图

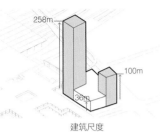

建筑尺度

258m
100m
36m

技术要求

F47 避难层
F37 避难层
F26 避难层
F17 避难层
F7 避难层

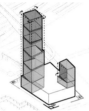

形态扭转

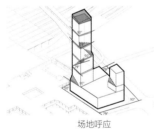

场地呼应

对页：整体鸟瞰

在城市层面上，建筑形体组合充分考虑周边地块的呼应，形成北站地区新的城市天际线。立面突出空间形体的组合变化，建筑级级向上、破壳而出，成为深圳北站门户的城市名片，增强城市的可辨识度和归属感。

本页，上：建筑切角造型

利用形体旋转产生出的空间设计为空中花园，在不同的高度和朝向上分别呼应了周边城市的重要节点和景观。由于平面切角所产生的效果，塔楼的每一个立面，都会形成一个优雅的阶梯状形态，在城市空间的不同高度，都显示出独一无二的标志性。

下：室内空间

由于平面的旋转，塔楼在不同的楼层形成了"空中花园"——提供停留与交流区域的跨层共享空间。从这里可以眺望到深圳南部的亚旗山，北部的龙华新区，东部的南山以及西部的长岭皮水库。

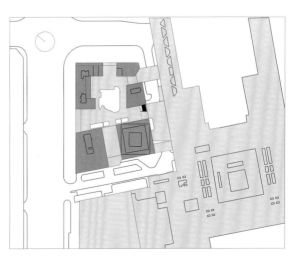

总平面图

中国人民银行征信中心
Credit Reference Center of People's Bank of China

中国人民银行征信中心是国家征信系统的核心载体机构，是以数据中心和业务办公配套为主的金融业务园区，项目位于上海市浦东新区的上海市金融信息产业基地。

线性功能结构：规划以南北和东西向轴线展开，使不同安全等级的功能以最清晰的逻辑表现出来，形成有序结构，达到金融建筑仪式性和数据中心安全性的统一。

矩阵式院落布局：以内院、中庭等空间模式，统一数据机房、业务办公、配套服务等不同尺度的功能，形成三组接近的布局模块，对外形成整体建筑形象，内部展现近人尺度院落空间。

稳重和现代的统一：高度安全、可靠的特征体现在建筑形态上，根据功能变化形成强烈的立面体量语言，大面积的石材和玻璃幕墙形成质感的对比，打造硬朗的外部形象。竖向疏密有致的光影变化与功能体块相结合，形成和而不同的丰富立面。

基地位置 上海市浦东新区　　**设计时间** 2011—2012 年　　**建成时间** 2018 年　　**基地面积** 96,316m²　　**建筑面积** 79,422m²

形体生成分析图 ────────

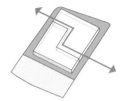

整合不同需求，形成数据处理、
对外服务两个分区

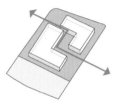

开放内部，整体形成内院式布局

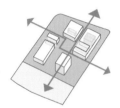

强化南北景观秩序，形成次级院落空间

架空连廊形成内部步行体系

────────

对页：整体鸟瞰

整体鸟瞰沿城市道路形成连续界面，以"门"
字形布局面对滨水公共空间开放，内部打造有
层次的院落空间。

本页，上：业务楼主入口

业务楼东侧以中庭面对主入口，处理东西山墙
向与园区主入口的关系，以强烈的虚实光影节
奏面对城市入口，定义园区核心建筑。

下：庭院内鸟瞰

内部建筑组团推敲立面元素尺度变化，形成多
层次的界面，提供细腻近人立面尺度。

总平面图

沃尔沃汽车（中国）研发中心（二期）
Volvo Cars (China) R&D Center Project (Phase II)

研发中心项目位于上海市嘉定区沃尔沃汽车（中国）研发基地内，是沃尔沃汽车亚太区总部，也是企业科技研发的核心载体。

项目糅合了建筑、景观、室内、灯光、智能化等设计分项，进行一体化设计表达，力求体现品牌文化和发展目标，整合、融合各类功能需求空间，为企业营造高效、协作和开放的研发办公环境，实现北欧文化与中式文化的碰撞与交融。

在技术层面解决了诸多难点，包括双层呼吸式玻璃幕墙建筑外表皮的通风、安全问题，超大尺度玻璃幕墙结构形式与建筑形式和谐统一的问题，以及采光顶造型协调结构骨架与排水组织的问题。

| 基地位置 | 上海市嘉定区 | 设计时间 | 2012 年 | 建成时间 | 2019 年 | 基地面积 | 200,056m² | 建筑面积 | 51,732m² |

形体生成分析图 ————

拟定建筑布局，将建筑分为 A、B、C 三区块

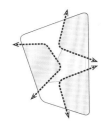

置入核心中庭，凝聚组合三区块，
塑造简洁独特的建筑形体

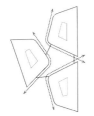

在三区块内部各置入一小中庭，
改善室内采光条件，创造丰富的空间感受

对页：研发中心日景鸟瞰

因建筑高度控制，单层建筑面积接近 1 万 m²，地上分为 A、B、C 共 3 个区块。

本页，上：研发中心夜景鸟瞰

研发建筑核心中庭的两个主入口保持对景纵深，在满足场地消防和交通流线需求的前提下，尽量使建筑被绿化所包裹。建筑分为 3 个区块，通过一个净高约 30m 的核心中庭凝聚组合。

下：研发中心及景观广场

为避免超大玻璃幕墙的结构影响中庭效果的通透性，设计采用了拉索结构的形式，并将拉索的受力钢框架融入建筑双层外维护间空腔内，使得完成后的大中庭立面达到高通透的效果。

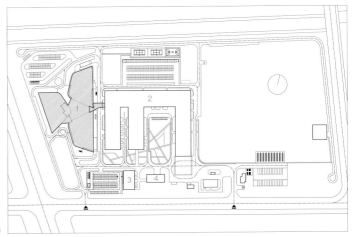

1.研发楼（二期）
2.检测车间（一期）
3.能源中心（一期）
4.废弃物及回收库（一期）

总平面图

本页，上：研发中心西侧日景

研发中心造型现代极简，外冷内暖，体现了品牌发源地北欧斯堪的纳维亚半岛的风格和"酷于型、暖于心"的文化和传统。外部以极简干练的线条轮廓表现出独特的形体；立面以白色点釉印刷玻璃幕墙和超白玻璃幕墙为主，纯粹、冷酷，蕴含张力，彰显科技实力。

下：研发中心南侧入口

研发中心外围护采用双层呼吸式玻璃幕墙表皮，其内层为墙体加条带玻璃窗形式，外层为整体式印刷玻璃点式幕墙。内外层之间空腔达 2m，创造出良好的空气自然循环，起到调节建筑热环境的效果，且冬季可以封闭其顶部格栅达到保温效果，使大楼节能运行。

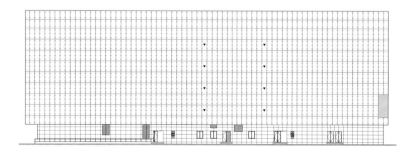

立面图

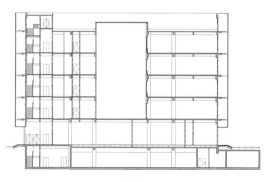

剖面图

本页：研发中心主入口及室内效果

研发中心室内设计通过各类尺度空间对比、光影控制、色彩以及多种富有生态感的材质的选用，营造出温暖人心的建筑内部环境。空间组织自由且注重交流，有利于营造创新研发氛围。研发中心的核心中庭以企业标志的 V 形大跨度连廊联系，形成中庭上空立体交错的效果。中庭采光引入自然天光的同时人工控制照度、光影，打造出仿生系视觉效果。

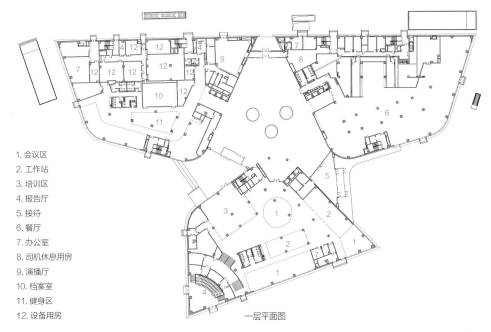

1. 会议区
2. 工作站
3. 培训区
4. 报告厅
5. 接待
6. 餐厅
7. 办公室
8. 司机休息用房
9. 演播厅
10. 档案室
11. 健身区
12. 设备用房

一层平面图

临港重装备产业区 H36-02 地块项目

Lingang Heavy Equipment Industrial Zone Plot H36-02 Project

2015 年，临港重装备产业区 H36-02 地块作为临港创新创业发展带首发地块启动。项目主要功能为研发、中试及其配套，并提供规模化、综合性的产业研发基地。为聚人气、汇产业，设计突破常规矩阵格局，引入 X 形景观廊道，建筑采用模块化设计，形成了一组既统一又多样，并能应对未来市场变化的研发、中试建筑群。同时为响应建筑产业新政，项目采用当时鲜见的装配整体式混凝土框架结构，钢筋混凝土构件预制率达到 40%～47%。为此设计全过程都需突破传统现浇混凝土建筑的习惯思维，并做出一系列的技术创新，如设置黏滞阻尼器消能减震、采用预制预应力混凝土双 T 板叠合楼盖技术、实现大跨室内空间等。经各团队不懈努力，项目建成后各方反馈良好，并已产生示范效应。

基地位置 上海市浦东新区　　**设计时间** 2016 年　　**建成时间** 2019 年　　**基地面积** 28,400m²　　**建筑面积** 206,440m²

对页：东南鸟瞰

通常人们喜欢斜穿对角线抄近路，于是总体布局自然生成了斜向景观廊道，将周边的公租房小区和规划中的CBD(中央商务区)、中央公园、BRT(快速公交系统)、公交站等紧密联系起来。同时北侧退绿30m，营造了产城共享的活力带。由此，24栋建筑形成秩序分明、简洁独特、多样统一的空间肌理。

本页，上：东立面沿街

外立面采用模块化设计：东塔的立面模块尺寸统一为1.4m×4.2m，各模块的窗墙比不同，参数化组合后形成类似"跳动音符"的律动效果；西塔的立面模块通过组合，形成了旋转上升的韵律；多层建筑的立面模块宽度由1.05~4.2m，由几种不同的宽度进行组合，兼顾了私密性和室内视野。

下：内街黄昏

将装配式建筑"少规格、多组合"的理念和销售策略紧密结合。从建筑源头控制平面和立面的类型，统一层高、柱跨、楼梯、核心筒等。同时结合建筑造型，对立面样式进行梳理分类，增加建筑部件部品的重复率，使预制装配式在群体建筑中尽显优势。这也将更方便其租售。

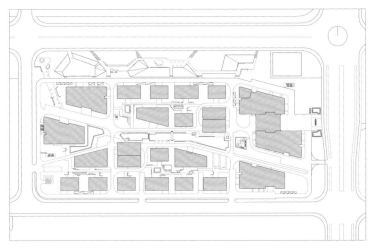

总平面图

上汽通用泛亚金桥基地
Shanghai General Motors & PATAC Jingqiao Project

上汽通用泛亚金桥基地是浦东汽车产业转型、升级、发展的重要项目和通用汽车中国示范园区。项目旨在建成集办公、研发、制造、展示、生活于一体的新型高效汽车产业园区,延续了通用汽车一贯的大气简洁的设计风格,同时立足当下,面向未来,对通用的理性主义风格进行了创新。

工程技术中心以方正规整的办公大楼为主体,插入会议厅和雪佛兰展厅2个体块,打破单调形体。同时打开中央区域,自然形成主入口,空间上连通南北,形成园区视线中轴。平面设计3组电梯厅,配合茶水、会议、总监等功能空间形成中列式核心筒组,将南北两侧完全打开作为办公,整个空间开敞通透,置入2层通高景观中庭,连通上下层办公空间,提供空间多种可能性。

立面采用浅灰白色铝板单元式幕墙,以高平整度精确度体现了技术精美的整体形象。将立面开窗设置在实体金属幕墙位置,使玻璃面最大化,保证立面完整性的同时不影响通风舒适度,是项目技术与人情兼备的最好体现。

基地位置 上海市浦东新区 **设计时间** 2013—2017 年 **建成时间** 2018 年 **基地面积** 127,700m² **建筑面积** 142,300m²

形体生成分析图

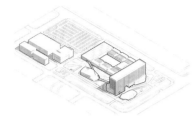

基本体块： 整体园区以一栋地标办公，一座大型设计中心形成一长一方两个主要体量

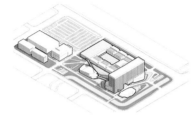

灵活功能： 员工食堂、雪佛兰展厅等空间以多边形体量置入

流线景观： 配以流线型通达景观设计，形成园区舒适便捷的人行环境

对页：整体鸟瞰

整体园区以方正规整的建筑单体搭配流线型景观，形成理性空间与人性化环境的融合。

本页，上：工程技术中心大楼整体外观 1

园区以工程技术中心大楼 200m 长办公单体建筑为标志性建筑，形成金桥地区地标性的企业形象。

下：工程技术中心大楼整体外观 2

流线型连桥穿越整个园区连接各个建筑单体，形成无风雨体系员工流线。

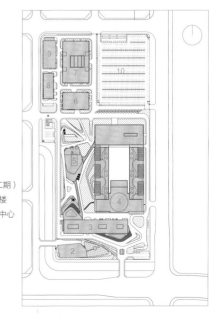

1. 门卫
2. 凯迪拉克展厅（二期）
3. 工程技术中心大楼
4. 前瞻设计与造型中心
5. 餐厅
6. IT 信息楼
7. 工程开发楼
8. 工程样车库
9. 风洞实验室
10. 停车场

总平面图

本页，上：前瞻设计与造型中心

前瞻中心以6个围合的设计工作室环绕室外评审区展开，在东南角以开口的姿态提示入口。

中：工程技术中心大楼门厅入口

入口门厅隐藏在开口两侧，打造落客区的同时，空间上也连接了南侧展示区和北侧生活区。

下：工程技术中心大楼入口

超长建筑单体在中央打造一处开口，打破了通长体量的单调，同时自然形成入口的指引效果。

对页：园区室外连廊及员工食堂

流线型的室外连廊连接办公、设计、生活三个中心单体，食堂设计室外平台和大台阶，给员工创造休闲放松的环境。

1. 入口大厅
2. 雪佛兰展厅
3. 报告厅
4. 便利店
5. 室内评审区
6. 室外评审区
7. 设计工作室
8. 品牌展厅
9. 加工区
10. 可视化中心
11. 餐厅
12. 连廊

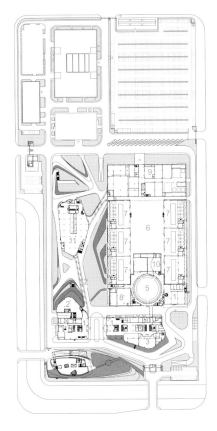

一层平面图

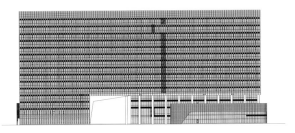

立面图

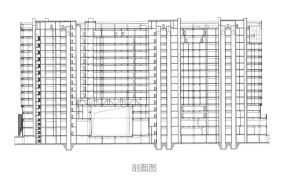

剖面图

中国电子科技集团公司第三十二研究所科研生产基地（嘉定园区）一期工程

Phase I Project of Scientific Research and Production Base (Jiading Park) of the 32nd Research Institute of China Electronics Technology Group Corporation

中国电子科技集团公司第三十二研究所是我国最早从事计算机软硬件研发的科研院所之一，创建初期伴随着嘉定作为上海卫星城的蓬勃兴起而建设，有着重要的城市历史意义。20 世纪 90 年代顺应城市发展迁入中心城区，老园区随之逐渐废弃，仅留部分数控车间在原址继续生产。随着嘉定新城的战略发展，作为标杆企业被邀约回归，助力嘉定新城建设，成为嘉定区政府重点项目。

基地由老园区和周边扩征地块组成，是兼具办公、科研、生产、质检、及餐饮配套等功能的综合性高科技研发基地。项目分三期建设，一期建筑在尊重历史和环境的前提下，主要探讨如何赋能老园区以新活力，满足企业快速发展的规模需要，传承场地历史记忆，联接未来创新希望。二、三期建设结合三十二所发展，为未来赋能，预留弹性空间。一期总建筑面积 11.8 万 m²，由办公科研中心、员工餐厅与活动中心两组建筑组成。

基地位置 上海市嘉定区　　**设计时间** 2011—2014 年　　**建成时间** 2019 年　　**基地面积** 53,165m²　　**建筑面积** 118,238m²

对页：新老融合的园区鸟瞰

秉持尊重历史和环境的可持续发展理念，重点思考如何赋能老园区以新活力，既满足企业快速发展，又引导新员工对三十二所奋斗精神的传承。

一期建设范围是园区中挑战和难度最大区域。拆除原址质量不佳的危旧建筑，开辟可建设范围。老园区数控生产车间不是危废、噪音车间，从经济性角度考虑在原址保留并继续生产，待未来自然迭代更新。

本页，上：保留更新的毛主席纪念庭院

整体保留老园区南侧成片的树林、毛主席纪念广场及其周边树林，从环境中保留历史的印记。各部门研发办公室沿主楼西侧围合出内院，资料档案馆沿毛主席纪念广场铺开，功能的沉稳安静与纪念庭院相得益彰。

下：原址上新建的国家实验室

主楼向南沿保留的老园区树林展开的是重点国家实验室，拆除危旧老建筑并保留了树林。小团队、高学术人才聚集的特点使其对环境与空间品质有着特殊的要求。采用低楼层、小体量来满足高科技研发团队对空间品质的高需求。

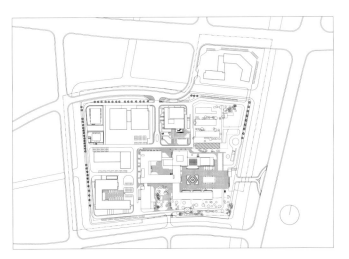

总平面图

上海老港再生能源利用中心二期

Shanghai Laogang Renewable Energy Utilization Center Phase II

上海老港再生能源利用中心二期位于上海市浦东新区老港镇，毗邻东海 0 号大堤。主体建筑占地面积为 62,279m²，总建筑面积 141,177m²，建筑高度约 50m，由南北 2 座垃圾焚烧处理厂房、中部主控中心、参观展示厅等多个部分组成，围合形成一个景观庭院，并在庭院端部的烟囱上设置可以俯瞰整个厂区的观光平台。项目可日处理生活垃圾 6,000t，年处理能力为 300 万 t，上海近一半的生活垃圾将在此进行焚烧处理，是目前亚洲规模最大的垃圾焚烧发电厂。

基地毗邻东海，因此，设计取意于"水蓝宝盒"，将水流的动感以及垃圾焚烧发电工艺的流线共同抽象物化为建筑造型的流线，同时寓意焚烧发电厂犹如一个将垃圾变废为宝、焚烧发电的宝盒，也寄托了垃圾焚烧发电行业的所有从业人员将垃圾再生利用、造福于民、还地球一片蓝天的梦想。

基地位置 上海市浦东新区　　**设计时间** 2016—2018 年　　**建成时间** 2019 年　　**基地面积** 400,000m²　　**建筑面积** 141,177m²

对页：厂区鸟瞰

生活垃圾焚烧发电厂的工艺及功能相对固定，通常包括卸料大厅、垃圾坑、焚烧间及相关附属管理用房。基于这几大主体功能的内部空间需求，将几个功能体块进行整合，并通过流线型、多段式、高低起伏穿插的立面线条以及在中部、转角处设置玻璃体，同时合理地采用"表皮"手法，使得一个长度330m、宽度220m、高度50m的超大尺度建筑，在没有使用异型曲面等夸张、复杂造型的前提下，产生了如水流般动感的视觉体验。

本页，上：厂区西侧透视；下：厂区入口透视

水平起伏延展的线条，通过横向贯通的铝板得以实现。同时，为了增强建筑造型的冲击力及"水流"的感觉，在原本水平延展的铝板基础之上，选择局部区域又将铝板以不同的角度逐渐翻起和落下，以避免平面铝板给人的单调感觉，为建筑立面带来层次和光影。

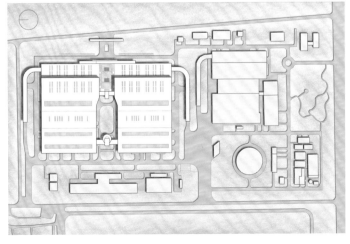

总平面图

对页：厂区内院

烟囱位于主厂房的庭院之中，这座 80m 高的体量在厂区中具有独特的标志性，同时还兼具着观景平台的作用，设计师通过现代的处理手法，将观景平台设计成一个向外倾斜的环状玻璃体，同时将波浪的元素在烟囱的立面上进行延续。原本单纯的功能性体量在这样的处理方式下充满了科技感，成为厂区中一处闪耀的焦点。

本页，上：展览一、二层分析图

参观者依次通过展览厅、参观平台、参观廊道、烟囱观光平台、总控室等空间最终回到入口门厅，完成参观流线的闭合。在此过程中，参观者可切身体验到垃圾从运输到处理与再生的全过程，同时也深刻地理解到垃圾分类与回收的重要性。

左下：厂区西侧局部

通过流线形的立面线条将几个功能体块进行整合。

右下：厂区鸟瞰

项目作为民众与学生的科普基地，充分展示了国内最先进的垃圾焚烧技术，因此，项目利用南北工房中间的间隙设置了参观区，形成与主工房一体化的完整造型。

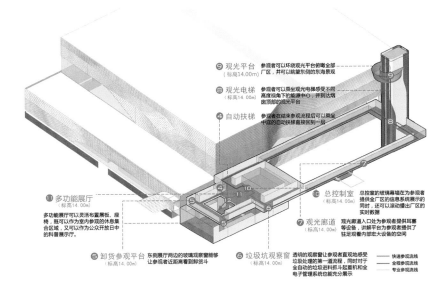

⑨ 观光平台（标高14.00m）　参观者可以环绕观光平台俯瞰全部厂区，并可以眺望东侧的东海景观

⑧ 观光电梯（标高14.00m）　参观者可以乘坐观光电梯感受不同高度视角下的能源中心，并到达烟囱顶部的观光平台

④ 自动扶梯　参观者在结束参观流程后可以乘坐中庭的自动扶梯直接回到一层

⑪ 多功能展厅（标高14.00m）
多功能展厅可以灵活布置展板、座椅，既可以作为室内参观的休息集合区域，又可以作为公众开放日中的科普展示厅。

⑩ 总控制室（标高14.00m）　总控室的玻璃幕墙在为参观者提供全厂区的信息系统展示的同时，还可以滚动播出厂区的实时数据

⑦ 观光廊道（标高14.00m）　观光廊道入口处为参观者提供耳塞等设备，讲解平台为参观者提供了驻足观看内部宏大设备的空间

⑤ 卸货参观平台（标高14.00m）　东侧展厅两边的玻璃观察窗能够让参观者近距离看到卸货斗

⑥ 垃圾坑观察窗（标高14.00m）　透明的观察窗让参观者直观地感受垃圾处理的第一道流程，同时对于全自动的垃圾进料抓斗起重机和全电子管理系统也能充分展示

（图例）快递参观流线　全程参观流线　专业参观流线

展览厅二层分析图

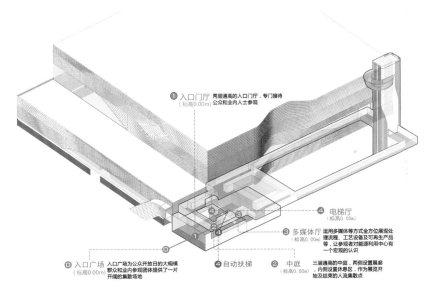

① 入口门厅（标高0.00m）　两层通高的入口门厅，专门接待公众和业内人士参观

④ 电梯厅

③ 多媒体厅（标高0.00m）　运用多媒体等方式全方位展现处理流程、工艺设备及可再生产品等，让参观者对能源利用中心有一个宏观的认识

⑩ 入口广场（标高0.00m）　入口广场为公众开放日的大规模群众和业内参观团体提供了一片开阔的集散场地

④ 自动扶梯

② 中庭（标高0.00m）　三层通高的中庭，两侧设置展廊，内侧设置休息区，作为展览开始及结束的人流集散点

展览厅一层分析图

江苏省产业技术研究院固定场所建设工程
Permanent Location Project of JITRI

江苏省产业技术研究院固定场所位于江苏省南京市江北新区产业技术研创园启动区，用于项目经理科研和项目预研、科技公共服务业务、创新成果展示、学术交流与会议、公共设施配套，以及专业研究所建设等功能。

项目将建筑、园林景观、室内等以统一的设计手法协调统一起来，创造了一个和谐的研发办公园区。通过生态化的景观将不同功能的组团集合在一起，自然景观给人们在园区内的工作科研提供了创新与交流的舒适空间。

项目设计手法简洁、有力度，贯穿于建筑设计、室内设计、幕墙设计、景观设计以及泛光照明设计等系统中。在外立面的处理中，通过虚实相间的模数化单元式幕墙体系形成具有韵律的外观形式——蜂窝铝板与玻璃幕墙通过固定的模数在立面上展开，使建筑具有一种数学的美感。

基地位置 江苏省南京市　　**设计时间** 2017 年　　**建成时间** 2021 年　　**基地面积** 70,258m²　　**建筑面积** 100,262m²

形体生成分析图

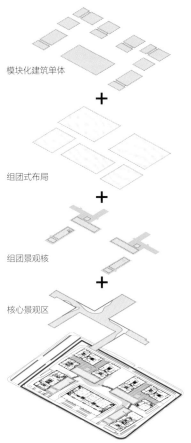

模块化建筑单体

＋

组团式布局

＋

组团景观核

＋

核心景观区

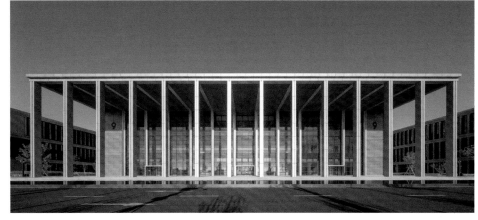

对页：总体鸟瞰

项目集合了多种使用功能，融科研办公、展览展示、国际会晤、餐饮休憩、档案存放等于一体。通过和谐统一的规划和设计，打造了一座充满活力并能激发创造力的企业科技园区。

本页，上：产业技术研究院总部办公楼

园区内科研办公建筑采用统一的蜂窝铝板＋玻璃幕墙的材料及统一的构造方式，使整个项目在色彩及外观方面呈现出一致性。所有建筑均设计为多层建筑，在高度设计上也建立了地块内建筑的整体性，这种统一的色调和形体创造出园区的独特属性。

下：展览会议中心单体正立面实景

B09 展览会议中心位于园区的中心位置。其23m 高的柱廊支托着远远挑出的优美屋顶，形成了一个有顶空间，容纳了公共功能区和展厅。建筑层高 7.5m，最大柱跨达到 25.2m，保证展区使用的高度灵活性，并通过柱廊与横向铝格栅的处理形成整个项目的视觉中心，从建筑群的统一背景中凸显出来。

1.B01 项目预研用房

2.B02 项目预研用房

3.B03 项目预研用房

4.B04 国际知名科研机构用房

5.B05 国际知名科研机构用房

6.B06 国际知名高校联合研发

7 B07 科技档案用房

8.B08 科技公共服务用房地

9.B09 会议展览中心

10. 湿地景观带

11. 组团景观庭院

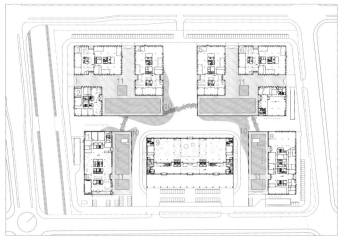

总平面图

阿里云谷
Alibaba Cloud Valley

阿里云谷位于浙江省杭州市"云谷小镇"的中心区位，南临苏嘉路，西临荆大路，北至乌龟漾河湾河道，距市中心约 16km。

项目的设计理念是创建一个相对柔软的城市框架，回应阿里云不同工作和生活空间之间的对话。多层级庭院设计将城市自然景观和园区人工景观有机融合，营造属于阿里云的高品质现代工作空间。立面设计充分尊重阿里云企业文化，流畅连续的水平线形大气磅礴，蕴含了云计算数据流的内在意向，凸显世界级企业的地标形象。

项目采用统一的智能设备传输网络平台，赋予建筑全面的感知能力。利用 IB 智慧建筑平台云计算服务功能，促使建筑具备逻辑判断和自我学习功能，为阿里云创造了可交互的智慧响应和决策平台。对幕墙、结构和机电交汇的复杂节点结合 BIM 进行精细化整合设计，确保建筑品质。

基地位置 浙江省杭州市　　**设计时间** 2018 年　　**建成时间** 2021 年　　**基地面积** 198,187m²　　**建筑面积** 449,099m²

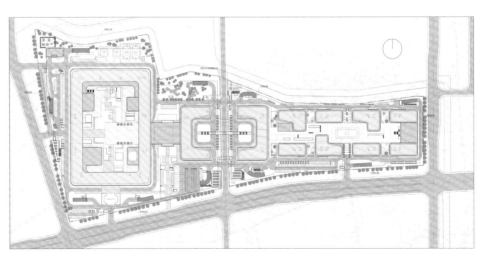

对页：园区鸟瞰图；本页：园区内庭院

建筑的高度被控制在 24 米以下，有利于减少建筑间的遮挡，获得最大化的自然采光。

总平面图

阿里蚂蚁集团总部（蚂蚁 A 空间）
Ant Group Headquarters (A Space)

阿里蚂蚁集团总部位于浙江省杭州市西湖区，西溪路与古墩路交会的南侧，距西湖只有 2km，距杭州站约 5km，属市中心地段。项目具有以下目标特点。

注重环境与景观的总部园区：人与建筑、环境融为一体，成为自然和谐而丰富多样的花园总部，充分利用环境自然资源，节省能源，减少污染，同时注重保护生态环境。

营造出一个新时代的工作环境：为了确保员工的工作质量，规划设计出一个能够集中精力的办公空间的同时，也提供一个能够诱发员工间的互动互通和互相协作的环境。

创造出一个注重人才培育的环境：营造一个有吸引力的职场环境，让员工能愉快、向上并且健康地度过每天是非常重要的。环境能够促进员工之间相互沟通启发，激发自立心、自律性、责任心的工作环境，通过各种职场的活动共同成长。

| 基地位置 浙江省杭州市 | 设计时间 2015 年 | 建成时间 2020 年 | 基地面积 88,566m² | 建筑面积 312,501m² |

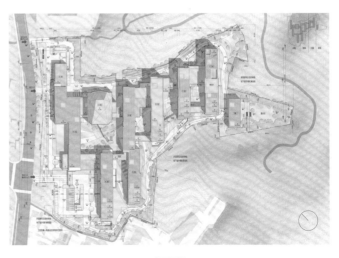

总平面图

对页：整体鸟瞰

地块位于美女山西北面，三面环山，属于山坡地势。

本页，上：与自然融为一体的花园办公

各栋建筑沿着基地的坡状地形高低分布，简约的外观设计在高低变化中与山地地形交融回响，使整个建筑与周围的连绵山峦融为一体。

下：办公楼间的景观内院

运用露台和内院的处理手法营造出清爽而具有活力的办公空间，景观充分结合建筑构造，精心打造各类廊道穿插其间。

深圳光明科学城启动区
Shenzhen Guangming Science Park

　　光明科学城位于广东省深圳市光明新区北侧，其中启动区以重点布局大科学装置群、前沿交叉研究平台、基础研究机构，构建源头创新集聚区为目的。光明科学城启动区项目位于启动片区内，未来将为生命科学组团中的脑解析与脑模拟、合成生物研究两个重大科技基础设施及其科研团队，提供实验、研究和生活空间。

　　塔楼：建筑方案的塔楼部分容纳了脑解析与脑模拟、合成生物两个大科学装置。建筑形体以"光辉巨构"为理念，通过大尺度的巨构体将各栋单体整合，促进交流合作并强化建筑标志性及力量感。

　　裙房：建筑裙房以"生命脉动"为理念，以细胞生长般的有机形体连接塔楼，地景式屋面起伏律动，展现破土生长的生命活力。整个形体刚柔并济，形态自由，呼应生命科学的功能主题，构建成为园区内的生态交流平台。

基地位置 广东省深圳市　　**设计时间** 2018—2019 年　　**建成时间** 2022 年　　**基地面积** 46,748m²　　**建筑面积** 230,420m²

对页：总体鸟瞰

光明科学城启动区共包括 5 栋单体建筑，其核心建筑为脑解析与脑模拟、合成生物研究两个大科学城装置。建筑方案的塔楼部分以"光辉巨构"为理念，强化建筑的力量感和辨识度。

本页，上：平台中心南立面

方案开创性地通过连接体将 2 栋单体连接整合，加强不同学科之间的联系，打造园区的第一形象立面。

下：东侧沿路主入口透视

项目需要恰当地处理"人"和"机器"的关系，整个园区不像机器和设备那样冷漠，而是一个自然、环境和建筑相互交融的新型园区。

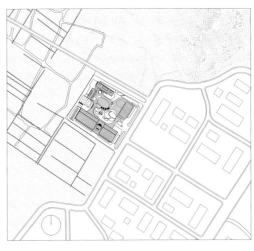

总平面图

一层平面图

1. 大堂及中心展示区
2. 脑解析与脑模拟实验区
3. 合成生物实验区
4. 中餐厅
5. 宿舍门厅及配套
6. 报告厅门厅
7. 研究院门厅

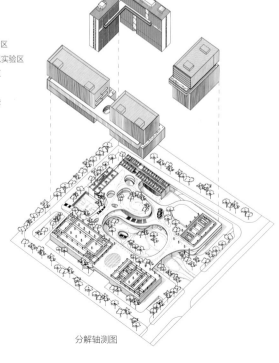

分解轴测图

对页：裙房与塔楼；本页，左 / 右上：裙房
与宿舍；右下：总体俯瞰

裙房以质朴的材料、柔和的形态，对光明农业
与自然的文脉和记忆予以回应，连续起伏的屋
面，以一个连贯的结构铺展于基地之上，屋顶
与地面在平行关系的控制下呈现出轻微波动的
趋势，使得外形更加有机，裙房之下是更加强
调社会性的空间，聚集、学习、讨论、简餐，
刺激着人与人在场所中的偶遇。

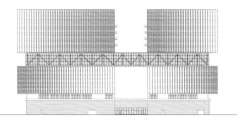

南立面图

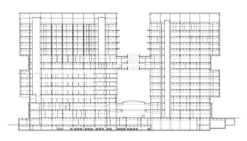

剖面图

浦东花木行政文化中心 10 号地块商办项目
Huamu Lot 10 Commercial, Pudong

项目毗邻东方艺术中心、上海科技馆，与上海博物馆东馆同处一个地块，由3栋180m高的办公塔楼、集文化、商业于一体的裙房、以及由建筑围合出的城市广场有机组成，旨在打造上海新一代城市人文地标。

规划设计的3栋高效的办公塔楼既能体现未来空间需求，又能凸显其重要性，成为天际线上引人注目的标志性建筑。它们从周围文化建筑中高耸而出，形成独一无二的建筑表达。裙楼作为城市景观，包括购物、集会、文化和活动空间。阶梯式花园位于建筑屋顶，露台则提供贯穿整个基地的绿色空间。三栋办公塔楼和规划中的上海博物馆东馆共同定义中央广场，形成理想城市肌理，艺术和商业在此融合，打造和谐的空间场所。

项目将成为文化与商业相融合、建筑与自然相融合、历史与未来相融合的标杆性城市空间，吸引人们来充满活力的空间环境内，接触并体验自然和艺术的魅力，进而诠释全新的参与式城市生活方式。

基地位置 上海市浦东新区　　设计时间 2017 年　　建成时间 在建　　基地面积 43,141m²　　建筑面积 389,243m²

概念生成过程 ————

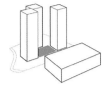

中央广场

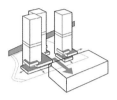

连接到博物馆的运河及梯台花园

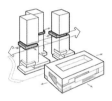

空中画廊

对页：整体鸟瞰图

这一建筑群组带来的城市意义超出了其主体的办公属性，综合性业态与上海博物馆东馆相结合，形成超凡的文化空间，创建的"空中平台"提升了城市的愿景。

本页，上：沿张家浜河滨步道透视图

塔楼的水平语言让塔楼更加煊赫与彰显。塔楼在空中微妙地悬挑出独具个性的空间，形成了一个悬浮在空中的在公园之上的公共空间——空中艺阁。每栋塔楼的空中艺阁悬挑方向都经过精心的考虑，拥有绝佳的公园和城市景观，形成一种独特的"三人行"的姿态。精致典雅的造型与周围建筑交相辉映，匠心臻筑都市环境中的高品质风格。

下：商业裙房主入口透视图

裙房空间体量丰富立体，独树一帜的多处悬挑创建了开放性的地标，而塔楼的底层模数和尺度打造了宜人的人文场所氛围，触及城市沃壤的脉搏，承启繁华街区生活。独特的建筑语言深深植入综合体的方方面面，使其呈现出丰富多样的空间品质，更在高楼林立间，与周围建筑产生共鸣。

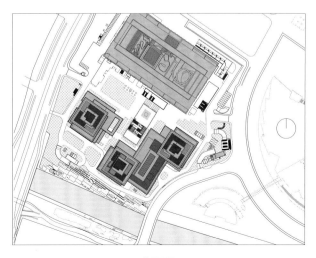

总平面图

TRANSPORTATION, SPORTS BUILDING

交 通 、 体 育 建 筑

重庆西站
Chongqingxi Railway Station

重庆西站是中国西南地区的高速铁路客运网上的重要节点。随着渝黔线、渝昆线、成渝城际以及渝长线的引入，重庆西站成为集城市轨道、公交、长途、出租和社会车辆等多种交通方式为一体的特大型铁路客运综合客运交通枢纽，是西部开发的战略平台和带动区域发展的重要引擎。

项目以"上进下出"的客流组织方式构成车站主体功能。城市交通主要通过南北两侧的高架车道接入位于地面铁路车场上方的的高架候车厅，在停车场的上方候车、检票进入站台。出站旅客从站台下至地下通道，东向疏散进入东广场下方的城市交通中心换乘城市轨道交通、公交车、长途车、出租车等交通工具。立体化分离进出站客流的交通模式，附以渗透的多功能业态服务，充分与城市资源共享共融，呈现了高可达性、高辨识度、高综合度的现代化铁路客运服务新模式。

项目以"重庆之眼"作为建筑构型的设计概念，通过半透的阳光板和双层玻璃幕墙来刻画，有"立足西南，放眼世界"之意。

基地位置 重庆市　设计时间 2010—2013 年　建成时间 2017 年　基地面积 401,600m²　建筑面积 210,000m²

对页：总体鸟瞰；本页：整体外观

重庆西站最高聚集人数 1.5 万人，旅客发送量 2020 年和 2030 年分别为 2,514 万人和 4,128 万人。站场由渝黔场、渝昆场和成渝城际车场组成，规模为 31 台面，33 条铁路股线，旅客站房 12 万 m²，站台雨棚 9 万 m²。重庆西站主体站房建筑地上二层，地下一层，局部设置商业和机电设备夹层，进深约为 420m。总高度 38.4m，候车大厅最大净高近 25m。

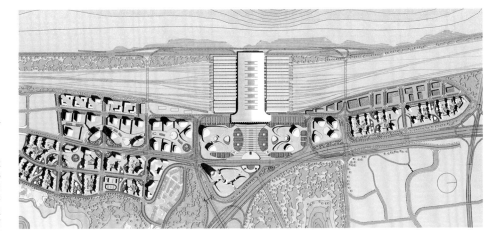

总平面图

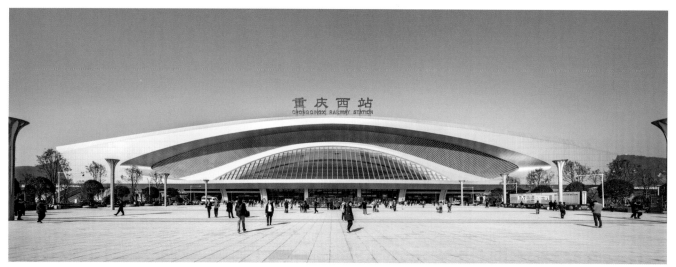

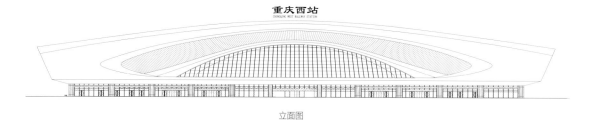

立面图

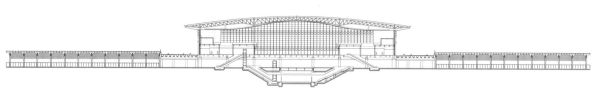

剖面图

1. 候车大厅
2. 侧进站广厅
3. 售票厅
4. 旅客服务
5. 预留进站口
6. 进站口
7. 高架落客平台
8. 高架车道
9. 卫生间
10. 设备用房

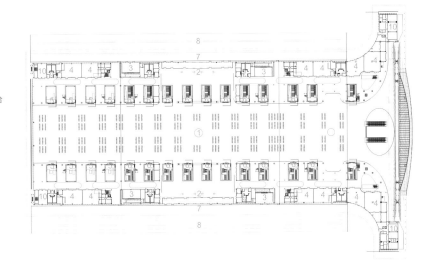

9.6m 标高候车大厅层平面图

对页，上：站房正立面；下：重庆之眼

重庆西站主立面全长近300m，造型简洁、流畅，其设计隐含的专业释义为"两江汇聚，涌立潮头"。建筑造型内柔外刚，刚柔并济，是力与美的建筑艺术表达。向外弧出而通透的玻璃幕墙与上部内倾、半透明的阳光板幕墙交相辉映，是重庆两江交融、汇聚的地理特征的写照，并隐喻传统文化与当代思想碰撞。

本页，上：清水混凝土雨棚

建筑设计利用清水混凝土坚固、耐久、免维护的工艺特点，以简洁、柔美的单元格构造性连续组合，变粗糙为细腻、化笨拙为灵巧。通过预应力结构工艺使混凝土结构变得纤细；预敷设暗埋管线让整体结构干净利落；简洁的细节工艺设计呈现富有节奏和动感的站台空间，是重庆西站尝试清水混凝土无站台柱雨棚在保障列车安全、丰富建筑造型设计上推陈出新的三项要点。

下：候车大厅

扩展商业夹层面积是重庆西站提高候车空间环境品质和使用效率上的设计创新。在平面布置上，充分利用高架候车厅的空间高度，在南北两侧扩展了16m标高的商业面积，创造出主要候车空间的两侧与交通通行功能互不干扰的配套商业服务"内街"，使公共卫生间、特殊旅客服务、客服人员间休室以及机电设备用房与主空间相互分离，各司其职、避免干扰。

兰州中川国际机场三期扩建工程
T3 Project of Lanzhou Zhongchuan International Airport

在"一带一路"倡议背景下，兰州中川国际机场秉持"平安、绿色、智慧、人文"的"四型机场"建设理念，将中川国际机场打造成为我国向西开放的枢纽机场、西北地区干线机场和对外交流的门户机场。

航站楼造型充分体现"丝路绿洲，飞天黄河"的地域特点，建筑整体的流线造型呼应黄河水波流动的韵律，激荡而隽永。机场枢纽一体化设计，GTC 与 T3 航站楼无缝衔接，打造目前国内换乘距离最短的枢纽机场之一。航站楼采用国内混流模式，提升旅客舒适度的同时提高楼内设施服务水平。航站楼内设置机坪塔台，与航站楼一体化设计，拓展塔台视野。中川国际机场将成为绿色、智慧、现代的新时代标杆式机场。

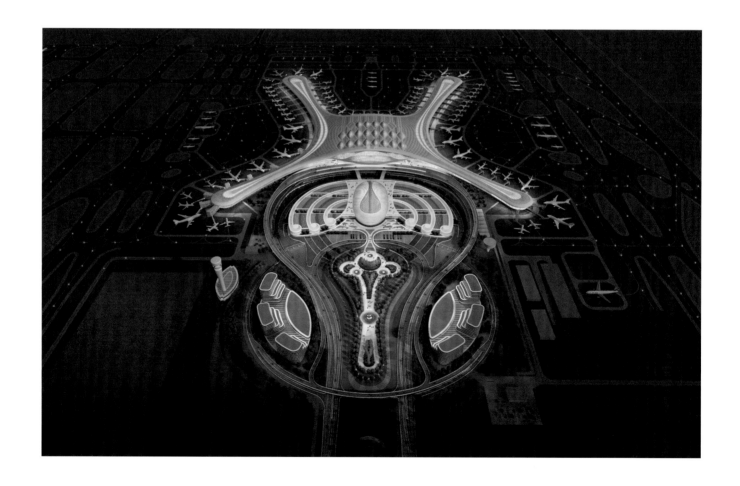

基地位置　甘肃省兰州市　　设计时间　2019 年　　建成时间　在建　　基地面积　3,000,000m²　　建筑面积　400,000m²

形体生成分析图

"沙漠绿洲"之态

"黄河之水天上来"之韵

"丝路中川"之势

对页：整体鸟瞰夜景图

航站楼整体造型呈现"丝路绿洲，飞天黄河"的地域特点，指廊与主楼相连形成的优美曲线仿佛古老的丝绸之路从远方延伸而来，依次串联起楼前景观、GTC绿谷。航站楼不仅体现兰州这个西北重镇的地域特质，也与中川国际机场的标杆性高度契合，是极具特色的航站楼。

本页，上：机场空侧效果图

航站楼立面造型采用黄河奔腾的立意，起伏的雨棚、飘逸的光带均由九曲黄河的意向演化而来，而建筑整体的流线造型也呼应了黄河水波流动的韵律，仿佛金色的母亲河永恒而隽永。

下：游泳馆开闭顶开启状态

体育中心东面与体育场看台融为一体，西面游泳馆采用开合结构，屋盖连同墙身一体平移打开。体育中心引入水系景观，使建筑与自然融为一体。

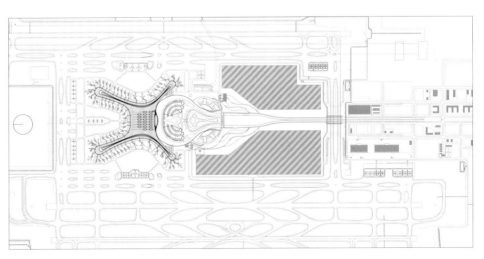

总平面图

兰州中川国际机场综合交通枢纽
Transportation Hub of Lanzhou Zhongchuan International Airport

兰州中川国际机场综合交通枢纽位于中川国际机场航站区内，是甘肃省 2015 年重大项目、省"6873"交通突破行动首个民航重点项目。通过地道跨路衔接中川机场 T2 航站楼与中川机场高铁站。旅客可于地面步行换乘，换乘距离仅 80m，也可通过大厅中部楼扶梯至地下一层换乘出租、长途、巴士等多种城市地面交通，换乘时间不到 2min，有效地解决了区域内复杂的交通问题。

枢纽按功能将体量打散，东侧与航站楼前高架平台相接，西侧延续高铁站房月牙造型，以环抱之势嵌入场地，整体造型如黄河明珠、沙漠清泉。三者以地域协调性、延展性等相似性特点融为一体。

大厅六处建构一体"生长式"阳光谷，为室内引入充沛阳光，既作为主体结构营造开阔室内空间，也将地下汽车尾气及时排出，低碳节能，绿色环保。

基地位置 甘肃省兰州市   **设计时间** 2014 年   **建成时间** 2017 年   **基地面积** 129,000m²   **建筑面积** 110,000m²

形体生成分析图 ───

现有中川机场 T2 航站楼和机场高铁站

嵌入换乘大厅和停车楼
两者体量用弧形连廊连接

天窗带和阳光谷提升室内空间品质
停车楼退台呼应高铁站形体

对页：枢纽西向鸟瞰实景

枢纽按功能将体量打散，分为换乘中心及停车楼两部分，其中换乘中心充分利用 T2 航站楼及中川机场站之间的用地，以环抱的姿态内敛而舒展的融入场地，与两侧航站楼及高铁车站无缝衔接。

本页，上：换乘中心局部立面

枢纽整体造型与 T2 航站楼、铁路站房协调统一，机场大曲屋顶，蜿蜒层叠，高铁站层叠后退的三层屋面与机场形成呼应，枢纽建筑则顺应机场、高铁站建筑的相互关系，三者以延续性性和协调性融为一体，相得益彰。

下：枢纽剖透视图

枢纽地面层为换乘大厅，东西两端连接航站楼与高铁站，旅客可直接步行换乘；地下一层为站台层，设 4 根车道，分别为出租车道、快速过境车道、公交车道、机场巴士以及长途车道，相邻车道有 2 个岛式站台和 1 个基本站台，旅客可从换乘大厅选择相应楼扶梯下至地下，实现各种交通有效快捷地换乘。

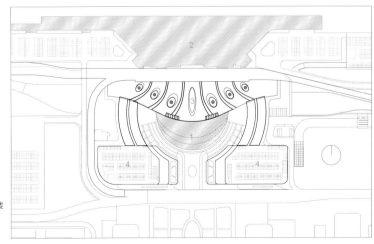

1. 国铁站房
2. 既有航站楼
3. 换乘大厅
4. 停车楼

总平面图

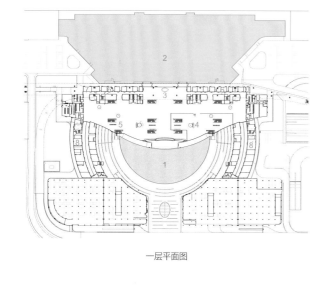

一层平面图

1. 高铁站房
2. 既有航站楼
3. 换乘大厅
4. 长途候车
5. 机场巴士候车
6. 商业
7. 贵宾候车
8. 餐饮

剖面图

上：枢纽地下出租、长途车出口

枢纽地面一层为换乘大厅，地下一层即是公共交通换乘区，也是枢纽下穿主路。整个换乘中心人车分流，各流线连续舒适。区域内机动车交通组织为单循环方式。

本页：大厅"生长式"光谷

大厅设计六处生长式阳光谷，分布于南北两区，顶部放大直通室外，底部连通地下一层，中部的束状钢结构结合点抓玻璃，通透明亮，取代部分结构柱，加大柱跨同时提高换乘大厅自然采光，营造开阔室内空间。光谷底部定制"√形"百叶既能收集雨水又能确保地下车行区的通风效果，绿色环保、低碳节能。

上海市轨道交通 18 号线一期工程

Phase I of Shanghai Metro Line 18

上海市轨道交通 18 号线一期工程线路跨越宝山区、杨浦区和浦东新区 3 个行政区，串联起宝山庙行镇、长江西路沿线、江湾五角场副中心、陆家嘴金融贸易区、花木副中心、周浦中心镇、航头镇等客流集散点，是联系上海东侧区域南北向城市客流的主要线路，在城市综合交通和轨道交通路网中的地位十分重要。

同济设计集团承担了复旦大学站、国权路站、抚顺路站三个站点的设计工作。

其中，复旦大学站为 18 号线全线特色站，为地下三层岛式站台车站，车站位于复旦大学邯郸校区西南角，处于相辉大草坪历史风貌保护区范围内，项目从尊重历史、保持校园历史建筑风貌的完整性出发，统筹考虑车站与历史建筑空间布局。

基地位置 上海市杨浦区　　**设计时间** 2014 年　　**建成时间** 2021 年　　**建筑面积** 46,669m²

对页：18 号线复旦大学站 2 号出入口

"百年复旦，红色传承"：复旦大学站作为轨道交通建筑，无论车站主体和出入口以及风亭均与校园老建筑的修复重建工程相结合，既保证了城市轨道交通的发展、提高了周边市民出行的便利性，又保留了校园历史文化和记忆。

本页，上：18 号线复旦大学站站厅层；下：18 号线复旦大学站站台层

站厅层公共艺术墙长约 700m，高约 4m，创意灵感源自山水长卷《千里江山图》和《富春山居图》，采用水泥肌理辅以灯光展现写意山水，精心甄选 11 首古诗文，传承赓续家国情怀，营造符合百年名校气质的浓厚人文氛围。
站内装饰以复旦红为主调，热情奔放、庄重典雅，象征着"与民族共命运、与时代同前进"的爱国传统与红色基因传承从未中断，光荣底色与共和国红色一脉相承。

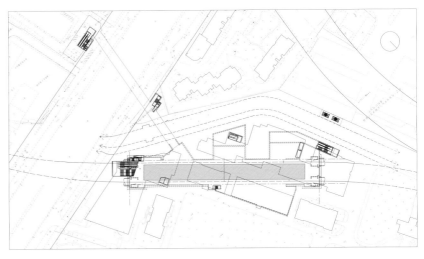

总平面图

新建郑州航空港站
Zhengzhou Hangkonggang Railway Station

项目位于河南省郑州市航空经济综合实验区新郑国际机场以东 6 km，协同郑州站、郑州东站构成
"米"字形枢纽，并成为串联全国的快速铁路网核心节点。"空铁联运、五位一体"的创新枢纽：空铁、
物流、长途和旅游 4 个中心围绕站房布置，拓展枢纽服务功能。畅通便捷的高效枢纽：以"步行优先、
人车分离"原则布置铁路桥下 17 万 m² 交通配套，实现零距离无风雨出行，外部交通采用南北跨线大
环与城市快速连接。"鹤舞九州"的人文枢纽：以新郑出土的国宝 "莲鹤方壶"为源，以古典建筑的
传统比例为纲，站房犹如"灵鹤舞动九州"。高质量出行的温馨枢纽：快速进站厅、国铁地铁互信厅实
现"城际铁公交化""国铁地铁免安检换乘"。绿色低碳的生态枢纽：雨棚采用全国铁路客站首创的构
建预制装配＋现浇组合形式，构件预制率高于87%，是全国首批取得绿色三星设计标识的铁路站房之一。
建构一体的经济枢纽：放大雨棚柱头以传递网壳推力，以"鹤足鼎立"的 V 形柱实现大跨空间。智慧
科技的创智枢纽：全过程 BIM 正向设计、三维交付、VR 三维模拟，多种技术实现数字建造，智能管
控平台实现能耗自控及多系统信息共享。

基地位置 河南省郑州市　　**设计时间** 2017 年　　**建成时间** 2022 年　　**基地面积** 472,917m²　　**建筑面积** 150,000m²

对页：从西广场看站房实景

"鹤舞九州"站房设计创意来源于中国传统建筑文化，外部造型设计源自新郑出土的国宝级文物"莲鹤方壶"。曲线优美的主体站房加上两侧舒展的雨棚犹如鹤舞展翅，富有韵律感的屋面形成"鹤羽飞翔"的建筑第五立面。

本页，上：高架落客平台入口处实景

恢宏有力的钢结构造型柱，刚中带柔，如"鹤足鼎立"。主体钢结构与幕墙结构协同设计，通过调整结构间距、板块分格、表面曲率等方法兼顾经济和美观。

下：腰部进站室内幕墙实景

作为全国首批绿色三星站房，其玻璃幕墙和顶部天窗确保主要功能房间自然采光覆盖率超过60%。高大通透的玻璃幕墙将城市景色引入站房，城景相融，提升空间体验感，营造绿色温馨的候车空间。

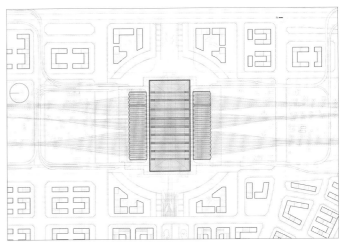

总平面图

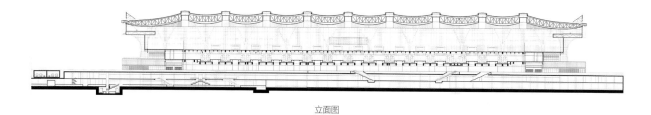

立面图

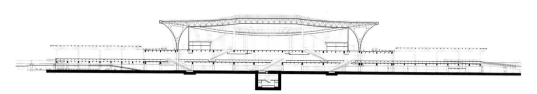

剖面图

对页，上：高架匝道看雨棚实景

站房设计采用 BIM 全过程控制，做到三维出图三维交付，VR 视觉三维模拟以及二维码图纸扫描可模拟图纸 3D 场景。其中，站台雨棚采用精细化三维模型可直接模板放样。

下：站房鸟瞰实景

空铁、物流、长途和旅游四个中心围绕站房布置，拓展枢纽服务功能。"南进南出、北进北出"的南北跨线大环直通城市快速路，与大运量地铁共同构建快捷通勤圈。

本页，上：预制装配清水混凝土雨棚实景

低碳运维的预制装配清水雨棚采用全国客站首创的预制装配加现浇组合形式，以 21.5m 跨度为基准，调整跨度边缘尺寸，实现标准件预制率高于 87%。雨棚柱头放大、线条流畅，极好地传递网壳推力，以结构表达建筑之美，是全国首批取得绿色三星设计标识的铁路站房之一。

下：候车大厅室内实景

室内辅以参数化设计方法，以 7,380 块菱形吊顶单元体像素化表达鹤羽的意向。单元体端部起翘高度逐一变化，犹如清风拂过灵鹤羽毛。寓意鹤足鼎立的 V 形柱不仅实现了开敞的大跨度候车空间，亦是室内空间重要造型元素。两侧进站口间距 66m，双侧同时检票进站亦不影响候车旅客通行。室内小品兼具实用功能与空间趣味。

景德镇浮梁体育中心

Jingdezhen Fuliang Gymnasium

景德镇浮梁体育中心坐落于江西省景德镇市浮梁县新区,体育馆在设计上突破了传统特色性地方建筑的局限性,以全新的设计理念诠释出了对瓷器的理解。建筑造型宛若玲珑瓷碗,概念取自景德镇四大名瓷(玲珑、青花、粉彩、颜色釉)之一的玲珑,体育馆内天棚的吸音板吊顶形式取自瓷碗上描画的青花云纹,同时也寓意了景德镇市花茶花层层叠叠的形态。

作为浮梁第一栋标志性建筑,需要考虑所有展示角度,因此规划上做了向心性的建筑布局。技术上解决屋盖结构与幕墙结构的一体化设计的同时,表皮也呈现出大量不规则窗洞,寓意为玲珑瓷。体育馆建筑由钢结构大跨度形成无柱大空间,亦可满足大空间内机电设备与结构的相互避让。

基地位置 江西省景德镇市　　**设计时间** 2017—2018 年　　**建成时间** 2018 年　　**基地面积** 38,461m²　　**建筑面积** 22,474m²

对页：整体透视

建筑一到二层为体育馆，一层为体育设施及服务用房，二层为服务用房及看台，观众由二层进入看台。"玲珑瓷工艺，坯体透雕，施薄釉，同时洞眼堨平"，建筑建造取其精髓，形成半透明孔洞的外表皮，光照下，其镂空的花纹呈米粒状。

本页，上：夜景透视实景

白天，整个场馆看起来像一个通透圆润的玲珑瓷碗；夜晚，小孔里的灯光多彩变幻、晶莹剔透，宛如夜空中的漫天繁星，同时碗底起伏的红色光带形成窑火烧瓷的场景意向。

下：室内实景

体育馆屋面部分为空间网格结构，屋盖直径为103m，吸音板吊顶图案拟自青花云纹，同时也似景德镇市花茶花的盛开形态，层叠鳞次。

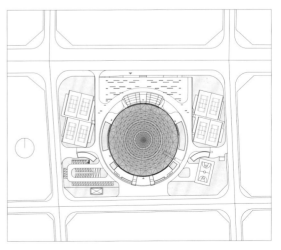

总平面图

上海崇明体育训练基地综合游泳馆
Shanghai Chongming Sports Training Center Natatorium

规划结构的功能重构：基地的规划结构采用鱼骨形的规划逻辑，以基地中轴景观带为主脉络，生长出各个训练组团。综合游泳馆的功能在整体的规划结构基础上予以重构，综合训练馆以游泳馆、综合训练馆、力量训练馆等 5 个特色训练空间为核心功能，其附属用房穿插其中，形成了鱼骨状的功能布局，呼应了整体的规划结构。

建筑形式的空间演绎：综合游泳馆作为基地中的综合训练中心，承担着训练功能和建筑形象的双重核心位置。建筑灵动而富有变化的形式语言进一步延伸至室内，创造出训练基地特有的空间特质。

结构逻辑的材料创新：结构的逻辑与建筑的形式诗意融合，采用了单层网壳的结构形式，呼应了建筑外观的表皮肌理，二者和谐统一。结构清晰明了的逻辑语言通过铝合金和胶合木两种新型材料的运用，进一步丰富了整个建筑空间的形式语言，营造出富有亲和力的空间氛围。

基地位置 上海市崇明区　　**设计时间** 2014 年　　**建成时间** 2019 年　　**基地面积** 558,921m²　　**建筑面积** 16,995m²

对页：整体鸟瞰

整体建筑由5个相对独立的训练核心空间组成，形成了形态不一的体量关系。南侧体量面向城市界面，力求造型上富有变化，塑造出风格化的建筑形象。北侧体量面对基地内部，采取了与其他建筑相呼应的建筑处理手法。

本页，上：游泳比赛馆室内

游泳比赛馆筒壳结构材料选用胶合木，在满足建筑功能要求和避免结露的同时，通过细部的处理、光线的引入、舒适安静的空间体验，达到了一种喧闹与平静的内在平衡，并形成富有韵律感的室内空间。

下：游泳训练馆室内

游泳训练馆造型为扁平筒壳，采用三向网格的单层筒壳结构，采用铝合金作为承重结构，材料耐腐蚀性能好，回收率高，具有可持续性。

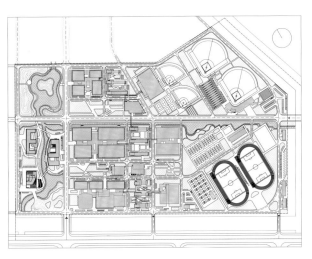

总平面图

遵义市奥林匹克体育中心
Zunyi Olympic Sports Center

遵义市奥林匹克体育中心位于贵州省遵义市新蒲新区，基地南临甲秀路，东临奥体路，北临 7 号路，西临 1 号路，总用地面积 408,531m²。项目包括 3.5 万座体育场、6,300 座体育馆、2,200 座游泳馆和训练馆等主要建筑单体，总建筑面积约 13.35 万 m²，体育场、体育馆、游泳馆均定位为国家体育建筑甲级标准，满足承办全国性和单项国际比赛要求。

体育中心建筑设计从遵义浓厚的革命长征红色文化和地域特色"映山红"中汲取灵感，并结合新蒲新区城市设计的主轴线，利用体育建筑独特的造型和结构语言，创造出了遵义市的新地标。

基地位置 贵州省遵义市　　**设计时间** 2015 年　　**建成时间** 2018 年　　**基地面积** 408,531m²　　**建筑面积** 133,486m²

对页，本页，上：鸟瞰实景

体育场采取了三边围合式的 U 形看台布局，一方面与屋盖造型形成呼应，另一方面也为场内观众创造了朝南向开阔的视野。

本页，下：体育场立面钢结构网格及拉索

屋盖结构采用斜拉钢桁架局部加劲的单层网壳结构，单层菱形网壳形成与立面铝板分隔完全一致。屋盖端部利用树状柱和索承网格的组合，巧妙地实现了视觉上轻薄的 30m 大悬挑，形成极具张力的建筑效果。同时，鉴于遵义特殊的历史政治环境背景，"红色"被作为主题性的色彩被广泛使用在体育场馆立面钢结构、混凝土斜柱、观众座椅的设计中，实际建成后，产生了鲜明的地域特色及强烈的视觉冲击。

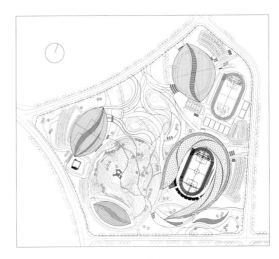

总平面图

滁州高教科创城文体活动中心手球馆
Chuzhou Sports Center Handball Arena

滁州高教科创城文体活动中心手球馆是国际手球联赛中国站的主场馆，为国内目前首座也是唯一一座专业手球馆。

项目总体设计理念为"云飞燕舞"，其中手球馆作为整个项目面积最大的单体，造型上与其他两个单体相呼应，造型采用祥云意向，具有连续动感，体现出体育中心的活力。

作为专业手球馆，其场地、视线、声学、灯光、空间等均满足手球运动的竞赛标准。设计时充分考虑手球比赛的观赛特点，优化整个坐席的视线设计，确保整个比赛期间的观赛舒适度。建筑创新性地在跨度为76m 的大跨度空间上布置仅设一圈环索的弦支穹顶，并利用弦支穹顶网格进行细分优化，营造独特的、具有强烈向心感的室内效果。利用参数化手段，使径向布置的悬挑桁架截面高度根据悬挑长度和建筑造型逐渐变化。屋盖系统的弦杆均位于上拱形的光滑曲面上，保证了整个室内空间的通透感，实现了建筑与结构的高度融合，相互统一。

基地位置　安徽省滁州市　　设计时间　2017 年　　建成时间　2020 年　　基地面积　168,292m²　　建筑面积　24,786m²

对页：总体鸟瞰

场馆定位为专业的手球比赛馆，内场尺寸为
50m×34m，在满足手球比赛的基础上，也可
兼顾其他类型的体育比赛。

本页：手球馆鸟瞰

项目平面投影近似 159m×115m 的椭圆，下部
采用钢筋混凝土框架结构体系，屋盖为大跨度
钢结构屋架。在训练馆一侧屋盖高度降低，并
形成训练馆入口，在保证经济节能的情况下同
时创造出建筑的丰富性。

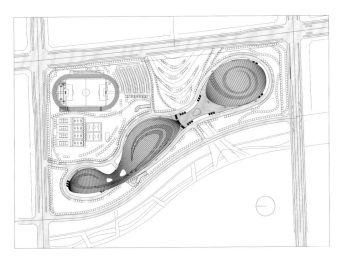

总平面图

本页，上：檐下空间；下：立面细部

体育馆的形象设计通过铝板、玻璃和竖向百叶的机理、质感、虚实变化使建筑显得舒展、轻巧、灵活、极具现代感，立面屋面一体的铝板曲线优美，屋面的线条反映祥云的形象。

对页：**手球馆比赛厅室内**

结构设计技术特色为比赛场上空单圈环索弦支穹顶结构、大悬挑结构参数化设计和突破层概念的整体结构设计。

立面图

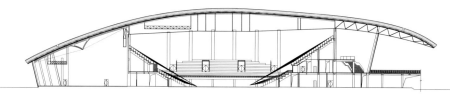

剖面图

1. 比赛馆
2. 训练馆
3. 运营入口门厅
4. VIP 入口门厅
5. 记者入口门厅
6. 运动员入口门厅
7. 裁判员入口门厅
8. 商业
9. 休息室
10. 健身房

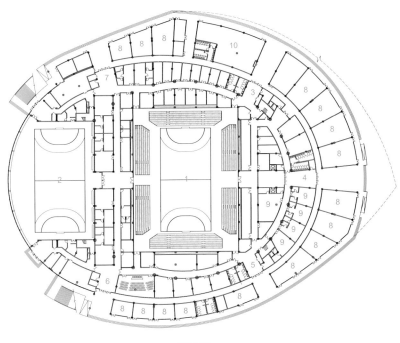

一层平面图

同济大学嘉定校区体育中心
Sports Center of Tongji University, Jiading Campus

同济大学嘉定校区体育中心设计从创新性、可持续性、经济性及灵活性出发，突出嘉定校区发展的青春活力和同济大学的文脉背景，旨在打造一个多功能、可持续的绿色校园建筑。设计中充分考虑功能的灵活性可变组织，满足不同功能要求，为体育馆建成后运营提供了各种可能性。

其中，体育馆可容纳观众 1,500 人，满足承接标准比赛的要求。体育中心还包含了一个标准游泳池，一个训练池、一个篮球训练馆，一个独立羽毛球训练场地和乒乓球场地，同时还兼具舞蹈房、健身房等功能于一体。游泳馆设置的标准 50m 泳池及 25m 训练池，可同时开放满足夏季使用需求及标准赛事需求，冬季训练池单独开放满足教学需求，灵活可变。

游泳馆采用可开启式屋顶，夏季屋顶开启可使泳池变为室外游泳池，加强了室内的通风采光。屋顶利用自然导光管，白天可以充分利用自然采光，不需要开灯，极大地减少建筑用电量，大大降低建筑能耗。诸多新技术的运用，极大地减少了项目后期运营的经济压力，有着较好的经济性。

基地位置 上海市嘉定区　　**设计时间** 2013 年　　**建成时间** 2017 年　　**基地面积** 47,284m²　　**建筑面积** 13,410m²

对页：体育中心鸟瞰（屋盖开启）

位于同济大学嘉定校区北侧，南侧为现有足球场地，北侧临校外城市干道，西侧为景观河流，东侧靠近学生生活区。建成后成为校园标志性建筑物同时起到连接校园生活的重要作用。

本页，上：体育中心室外透视

建筑立面选用铝板＋玻璃的材质，造型上采取网格式渐变肌理，通过单元格内玻璃与铝板的面积比例不同，达到立面肌理渐变的效果。铝板幕墙与玻璃窗之间采取斜面过渡的方式，使得整体立面效果立体饱满。

下：游泳馆开闭顶开启状态

体育中心东面与体育场看台融为一体，西面游泳馆采用开合结构，屋盖连同墙身一体平移打开。体育中心引入水系景观，使建筑与自然融为一体。

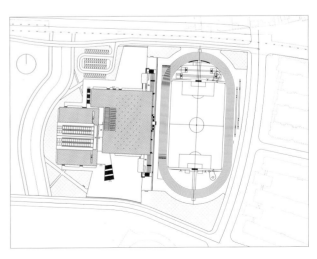

总平面图

清远市奥林匹克中心
Qingyuan Olympic Sports Center

清远市奥林匹克中心总建筑面积 12.6 万 m²，含 3 万座体育场、1 万座体育馆及 2,000 座游泳馆。

方案以"凤舞绿都"为立意，回应清远"凤城"的城市文脉，圆润的建筑与流线型的平台相连，整体造型如一只扶摇而上的凤凰，飞舞在绿色山水间，展现一幅飘逸而灵动的场景。

奥林匹克中心采用多项先进低碳节能技术。体育场屋顶采用模块化金属屋面与光伏发电板结合。光伏材料即为饰面材料，外观与幕墙保持统一和谐，建筑造型纯粹。游泳馆采用开合屋盖，实现了室内外游泳馆空间转换，极大提高场馆使用范围及利用率。屋面和立面采用单轴式水平旋转开合方式，开合活动屋盖在国内外场馆中首次实现曲线轨道开启。

基地位置 广东省清远市   设计时间 2019 年   建成时间 2022 年   基地面积 649,651m²   建筑面积 129,626m²

对页，本页，上：总体鸟瞰

整体布局紧扣设计立意，不单独划分场馆区及
公园区，自地块中心到周边遵循"建筑—广场—
公园"的基本布局原则，加强整体规划形象。

下：树状柱人视实景

游泳馆室外飘带结构采用两级分叉的树状柱支
承，通过优化树状柱形态，使树状柱构件以承
受轴力为主，提高材料利用率，达到力学性能
和建筑观感的平衡。

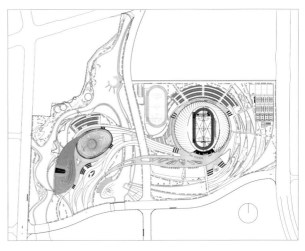

总平面图

本页：体育场鸟瞰

体育场屋顶采用模块化金属屋面和光伏发电板结合。光伏材料即为饰面材料，外观与幕墙保持统一和谐，建筑造型纯粹。

对页：游泳馆屋盖与立面开合一体化设计

游泳馆采用可开合的活动单元设计，建筑中央区域屋面与立面一体开合，实现了室内外游泳馆空间转换，极大提高场馆使用范围及利用率。

1. 坐席区
2. 观众休息台
3. 室外大平台

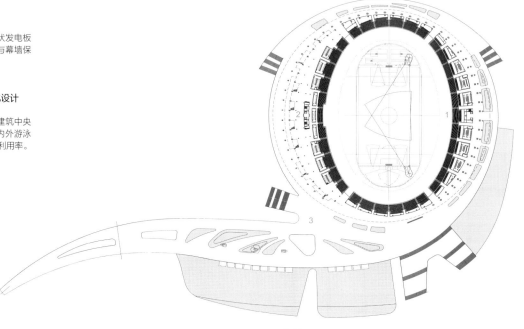

体育场平面图

1. 运动员休息区
2. 贵宾休息区
3. 新闻媒体区
4. 组委裁判区
5. 比赛池
6. 检录大厅
7. 训练池
8. 戏水池
9. 陆上训练区

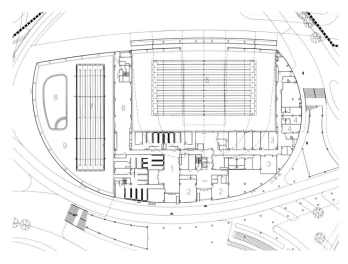

游泳馆平面图

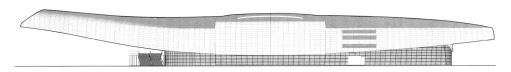

游泳馆立面图

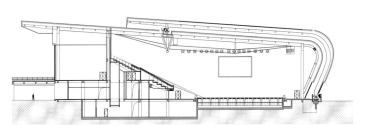

游泳馆剖面图

杭州第 19 届亚运会桐庐马术中心

Tonglu Equestrian Center, Venue for the 19th Asian Games in Hangzhou

作为中国的国家级马术场馆，桐庐马术中心满足亚运赛事需求，打造符合综合马术项目国际标准的马术赛场，并成为全国唯一可承办马术三项赛的永久性场馆。设计秉承杭州亚运会"绿色、智能、节俭、文明"的办赛理念，建筑轻度介入环境，融入自然，以人为本，以马为先。设计从山水的灵动中勾勒出自由流畅的曲线，主入口结合左右升起的看台，将写意贯穿于连绵起伏的屋顶中。晨光熹微，秀木成林的立柱将轻盈的屋面托举在风中，昂扬如东方之帆。拾阶而上，赛场与群山尽收眼底。项目配合场馆运营商大大拓展了 BIM 应用范围和周期，通过 BIM 实现"指尖上的亚运"，革新赛事体验，线上照顾马匹、VR 观赛、机器人送餐，实现人与动物的高效安全管理。各项数字化应用场景均可以通过马术馆智慧场馆管理系统来实现。

基地位置 浙江省桐庐市　设计时间 2018 年　建成时间 2022 年　基地面积 271,045m²　建筑面积 53,732m²

形体生成分析图

基本体块：主场馆和室内场馆毗邻式

高度造型：根据功能高度形成屋面曲线

退出入口：平面退让出出入口

细化空间：形成看台区域和室内场馆区域

入口台阶：形成开放式的大台阶入口

看台棚架：看台区域上方塑造灰空间

对页：整体鸟瞰

马术中心呈现白绿相间"马"字形，最终呈现出的马术中心与大地融为一体，建筑设计没有突出建筑自身造型，而是选择成为景观的一部分。

本页，上：看台灰空间

观众大厅层，秀木成林的立柱将轻盈的屋面托举在风中，这里为完全开放的空间，没有建筑立面围合，周边优美的自然景观直接映入眼帘，身处观众大厅和座席区仿佛置身大自然的怀抱。

下：马厩

马厩的设计最大限度地利用了自然光和被动式空气流动及通风，以提供一个愉快和舒适的环境。所选择的材料不仅安全、坚固、持久，而且耐用、抗损坏。

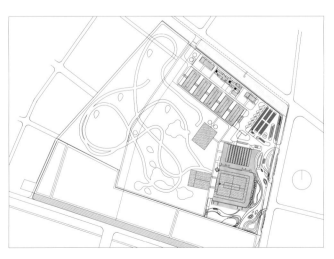

总平面图

昆山市专业足球场
Kunshan Football Stadium

昆山市专业足球场是中国承办 2023 年亚洲杯的主赛场之一。项目用地位于江苏省昆山市开发区东城大道东侧、景王路北侧，用地面积为 20hm^2，总建筑面积 135,092m^2。足球场观众数为 4.5 万人，可举办国际顶级的足球赛事，同时兼顾足球培训、大众健身、休闲娱乐等需求，建成后将进一步完善城市体育设施布局，丰富大众体育休闲活动，提升城市整体形象，力求打造为城市级体育休闲文化公园。

足球场充分提炼昆山的当地文化特征，以苏工折扇作为建筑形式语汇，形成富有张力的折扇立面体系。足球场内场采用肥皂型看台轮廓，竖向分为共下层看台、包厢看台、上层看台三部分，强化足球比赛的包裹感和氛围感。

基地位置　江苏省苏州市　　设计时间　2020 年　　建成时间　2023 年　　基地面积　200,000m^2　　建筑面积　135,092m^2

对页：鸟瞰图

总体布局在延续建筑概念的基础上，以径向放射状的构图元素，进一步强化整个地块的聚合效应。

本页，上：室外连桥系统

苍劲有力的混凝土双柱系统，形成了折扇立面的扇骨，同时轻柔通透的 PTFE 膜结构，形成了折扇立面的扇面，两种材料相互融合充分诠释了刚柔并济、虚实有度的建筑形象。

下：足球场内部透视图

屋顶的钢结构采用桁架体系，结构受力清晰明了，顶部材料为 PTFE 膜，空间效果通透明亮，屋面结构体系将灯光、音响、马道等设施相互整合，形成简洁精致的外观效果，打造令人愉悦的观赛空间。

总平面图

EDUCATIONAL,
MEDICAL BUILDING

教 育 、 医 疗 建 筑

安徽艺术学院美术楼
Fine Arts Building of AHUA

　　安徽艺术学院美术楼遵循校园总体规划的"新徽派艺术聚落"主题，以一种当代的视角呈现艺术院校的特质和徽派地域建筑的特征。建筑采用方正的合院布局模式，四个巨大的取景口消除了内院的封闭感，形成富于动态感的"风车型"平面格局，与校园周边优越的景观资源互动，并通过二层公共平台加强建筑的开放性，包容了大、小尺度的院落并置和套叠，结合张弛有致的游走空间序列营造出丰富的空间体验。顶部锯齿形天窗将柔和的北向自然光线引入画室，让屋顶具有更为积极地现实意义。外观上不仅获得了个性的表达，也传达了传统的意向，连续坡屋顶颇具徽派建筑马头墙的韵味。

基地位置 安徽省合肥市　　**设计时间** 2014 年　　**建成时间** 2018 年　　**基地面积** 14,929m²　　**建筑面积** 15,370m²

对页：美术楼东立面外观

安徽艺术学院校园采用"新徽派艺术聚落"的主题，以一种当代的视角探讨艺术院校的特质和本土建筑的特征。

本页，上：美术楼西立面外观

美术楼紧邻校园主轴线，周边自然景观优越。如厂房般几乎满铺的锯齿形北向坡顶天窗，将柔和的光线引入顶层每间画室。

下：夕阳下的美术楼

建筑主体采用方整内向的传统合院布置方式，合院由于东西南北四个巨大的取景口而呈现为"风车型"格局，化解了常规合院平面中阴角所带来的不利，也让室内外景观产生更为积极地互动，从而使静态的空间获得了某种动态感。

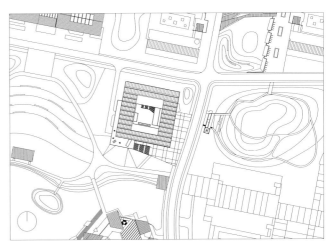

总平面图

1. 展厅   6. 室外展场
2. 资料室   7. 室外平台
3. 专业教室   8. 室内上空
4. 画室   9. 室外上空
5. 摄影室

二层平面图

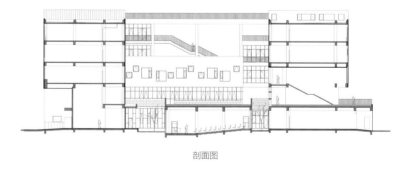

剖面图

对页，左：一层入口庭院

主庭院通过报告厅的置入，将空间进行了"二次处理"以化解5层高的院落尺度。庭院被划分为2个既独立又联系的空间——由报告厅围合的一层入口小院和报告厅屋顶二层平台；同时，平台从内院向外延展成宽大的基座，加强了内院与周边景观的联系。

右：美术楼内院通往二层的台阶

触摸着富于质感的混凝土墙面拾级而上，台阶被刻意收窄，尺度逐渐逼仄，视野却渐趋舒朗，上至二层平台，透过3层高的巨大洞口可遥望远处的专业楼群；穿过洞口来到平台一侧，视线被进一步打开而获得全景视野。

本页，上：四层挑高交流敞廊

围院四层南翼设有2层挑高的敞厅，可俯瞰庭院及平台，敞厅设直跑楼梯与5层联系，为上部较高楼层的师生提供了多视角感受庭院的交流活动场所。

下：一层开放展廊

报告厅混凝土墙体由工地常见的松木条为模板浇筑而成，表面印烙着水平向木纹肌理，粗糙斑驳的暗灰色墙面与四周干净的白墙形成反差，在光影中形成丰富的质感。

中国地质大学（武汉）未来城校区环境楼

School of Environmental Studies Building, China University of Geosciences (Wuhan) Future City Campus

环境楼位于中国地质大学（武汉）未来城校区，总用地面积 14,460m²，总建筑面积 28,170m²，包含实验室、办公、报告厅、展厅、地下车库等功能。设计以"退台叠院"为理念，力图实现建筑与环境高度融合，激活科研空间活力。

项目场地西高东低，地势高差达 4m，设计利用地下车库填补高差，在东西两个方向设置门厅及出入口，有效利用了地形。由于建筑体量较大，在内部设置两个庭院采光通风，且两个庭院高差不同，营造出高低错落的景观庭院。

此项目为地质大学环境学院提供了充足而先进的实验教学场所，满足了学科的科研发展和学术交流需求。设计积极地营造丰富的室外景观场所，为师生提供绿色交流空间，促进了学术的交流，营造出创新的科研教育建筑形象。

基地位置　湖北省武汉市　　设计时间　2014 年　　建成时间　2019 年　　基地面积　14,460m²　　建筑面积　28,170m²

因地制宜的竖向设计

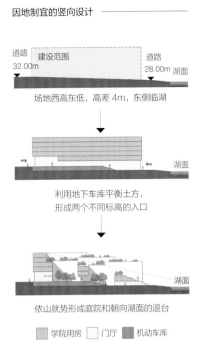

道路 32.00m | 建设范围 | 道路 28.00m 湖面

场地西高东低，高差 4m，东侧临湖

利用地下车库平衡土方，
形成两个不同标高的入口

依山就势形成庭院和朝向湖面的退台

学院用房　门厅　机动车库

立体景观的漫游路径

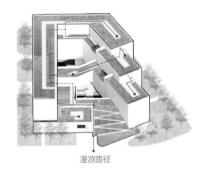

漫游路径

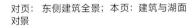
对页：东侧建筑全景；本页：建筑与湖面
对景

纳景入园：整个建筑呈 U 形布局，开口朝向东
南侧的景观湖，将湖景纳入园中，并与图书馆
形成视线上的呼应。建筑南侧布置办公楼和教
室，将南侧绿地尽收眼底。

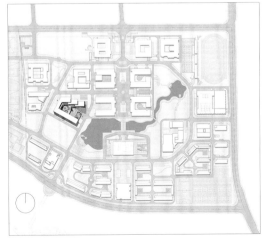

总平面图

1. 门厅
2. 展厅
3. 实验室
4. 科研办公
5. 报告厅
6. 资料室
7. 设备用房
8. 内院
9. 下沉庭院
10. 地下车库入口

一层平面图

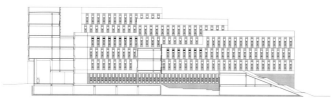

剖面图

对页：下沉庭院；本页，左：立体的绿色空间

立体园林：首层围合出两个不同高程的花园，且相互连通。东侧景观坡道向上延伸至二层，将室外广场和屋顶花园连为一体，创造出开放的景观漫游路线。南北两侧通过连廊和屋顶形成层叠的室外景观空间。

右上：主门厅；右下：报告厅

高山流水：建筑造型以"山"为概念，营造出绿意盎然的立体景观空间。室内设计以"水"为主题，以流畅的金属板、石膏板作为主要装饰材料，结合渐变的照明，形成"飞流直下、长河奔涌"的艺术效果。

四川外国语大学成都学院宜宾校区
Chengdu Institute Sichuan International Studies University (Yibin Campus)

宜宾校区规划总建筑面积约 34 万 m²，学生 12,000 人。校园选址位于大学城中心，南临龙头山景区，自然景观条件优越。

设计首要关注场地塑造与地形回应，充分利用基地现状的自然特征，意图将规划作为场地的人工介入，强化来访者对地域自然环境的感知。中部低洼区域设计为校园核心景观湖，建筑以向上生长的态势，充分保留了原始地貌特点，完成了一次人工对自然的修补。

设计将教学楼、礼堂、图书馆同教学楼连接，形成一个共享之"环"。"环"提供三个层次的空间交流模式，建筑空间紧密联系，场地也获得最大化的完整空间。

入园望去，建筑与场所景观融为一体，远处的山峦在视线可及之处，与核心区建筑一起倒映于湖面，形成一幅静谧的山水画卷。

基地位置 四川省宜宾市　　**设计时间** 2019 年　　**建成时间** 2020 年（一期）　　**基地面积** 333,300m²　　**建筑面积** 338,016m²

设计理念分析图

轴线：南入口地势上升，界面平直，中轴对称保留仪式感；北入口地势下降，界面弧形向心，弱轴线视野开阔

功能：环廊串联了核心区的各个建筑，使其相互易达；并使它自身成为创新交流发生场所

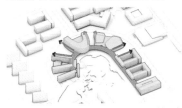

空间：图书馆与礼堂的两翼在体量上的差异在外部空间上提示二者的联系，并与两端的教学楼群形成呼应

景观：环廊创造面向中心湖景连续界面；核心区内外景观通过架空的环廊相互渗透

对页：整体鸟瞰

针对语言类文科院校自由开放、合作交流的学科特色，设计试图找到一种形式，让相关学科可以互相交叉，互为渗透，能容纳使用功能的灵活性和综合性。结合场地等现实条件，融合式创新平台成为设计的最优选择。

本页，上：园林化的氛围

"环"内自然成"园"，以湖面居中铺开，建筑围绕水面呈放射状排列，留白处采用堆山叠石、理水造池的设计手法，打造园林式的氛围。

下：依山傍水——暮色中的川外宜宾校区

"环"的底层是开放的架空敞廊，形成内外渗透，中心景观被引入校园生活区，由此产生内外联动；中间层为风雨廊，环通教学楼、图书馆、礼堂；顶层为屋顶花园，身在其中，核心区景观尽收眼底。

总平面图

双河镇九年义务制学校震后重建与复兴

Post-earthquake Reconstruction of the Nine-year Compulsory School in Shuanghe Town

双河古镇位于四川省宜宾市长宁县，是蜀南竹海的所在地。2019年6月17日22时55分，宜宾发生6.0级地震，震中即为双河镇。作为镇上唯一的学校，双河镇九年义务制学校在这次地震中遭受重创。为了帮助灾后社会生活尽快恢复正常，保障学校教学工作顺利开展，需要在有限的资金和时间条件下完成对学校的震后修复与重建。

在这个更新项目中面临着诸多限制——新建、改造、文保修复并存的建设需求，复杂多样的场地，动态的周边环境，当地的风貌要求，有限的时间与资金，非专业的施工控制等，这些限制既是设计挑战也成为了建筑生命力的来源。这个在灾难后重生的学校以一种"低影响"的状态自然融入了当地生活和环境，在双河古镇复兴的过程中发挥了应有的作用，成为双河镇人民集体记忆中新的组成部分。

基地位置　四川省宜宾市　　设计时间　2019年　　建成时间　2021年　　基地面积　53,362m²　　建筑面积　31,310m²

形体生成分析图

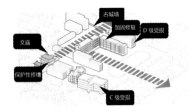

评估学校震后状况，拆除危房，修复受损校舍，梳理校园脉络

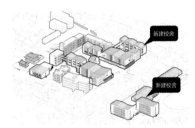

植入新建校舍，缝合共享，院落再生

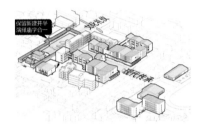

整饬文庙空间，双轴共生

对页：以小体量融入小镇风貌

为了让新建校舍能更好地融入现有场地及周边环境，设计对建筑体量进行了处理。以与教学功能相匹配的标准单元化布局结合框架剪力墙体系，将条状的教学楼分解成一个个标准单元，搭配现代的坡屋顶，以小体量融入双河小镇风貌。从空中俯瞰，像从连绵起伏的远山中抽象出的几何线条，自然地融入周边川南传统聚落风貌。

本页，上：新旧相融，院落再生

边设计，边修复；边建设，边使用；灾后修复就像缝纫一样，把新建筑一针一针缝合植入老基地。结合震后受损情况评估，设计将更新内容拆分为多个阶段：拆除受损严重的校舍，修复加固状况相对较好的校舍，于空出的场地植入新校舍，整饬修缮文庙区域。通过院落将新老元素组织成一个有机的整体。

下：以当地竹材为模板制作的竹纹清水混凝土

双河盛产楠竹，又直又长，韧性好。为了在有限的预算条件下，尽可能发挥出本地材料优势，采用竹子作为混凝土剪力墙以及景观场地和花坛的模板材料。希望能将现代工业材料和地方工艺相结合，让建造呈现出更强的适应性和生命力。

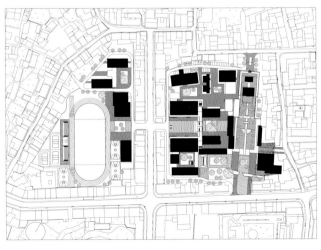

总平面图

复旦大学新江湾第二附属学校

The Second School Affiliated to Fudan University in New Jiangwan

如何妥善解决紧张的用地条件、平衡低造价与高品质教育需求之间的矛盾，如何突破行列式布局的刻板印象、创造更多充满活力的空间，是当下中小学校建筑设计的重点。

项目从改进外敞廊的空间组织形式着手，尝试采用不同于宽松用地的设计策略，以"行列串连、整体联动、上下叠加、有限集约"的思路，最终呈现"集约化的校园综合体"的建筑形态。"连贯围合"的弓形体量使布局更加紧凑；"向地借天"创建多层次"地面"的策略弥补了用地不足的困境；下沉的高大空间结合台地、屋顶形成新"地面"，营造了多向、立体的校园环境；走班制及多样化教学理念启发项目采用集中式、中庭式布局以高效利用各教学设施。

项目是对新型基础教育空间的设计探索，项目希望从交往与私密、感性与秩序的角度为学生提供多样性、友好型的校园环境。

基地位置 上海市杨浦区　　设计时间 2017 年　　建成时间 2019 年　　基地面积 38,392m²　　建筑面积 49,930m²

空间透视分析图 ————

对页：整体鸟瞰

基地位于中心城为数不多的新片区，迥异于老城区的肌理积淀。项目并未刻意追求文脉关系，而是从使用方的角度来思考教育建筑的内生逻辑，处理因高强度开发带来的容量、效率、流线、安全等问题。

本页，上：面向操场的东立面

以高差创建的竖向的多维"地面"提供充裕的活动场地。跨越地表的体育馆屋顶既是室外平台和疏散场地，又是田径场的看台。从下沉庭院到屋顶平台再到看台，形成了从内庭的封闭性到看台的开放性的连续图景。

下：入口共享中庭

锯齿形天窗使五层通高的共享大厅获得充足的光线。大厅通达各层，既是交通枢纽也是外宣场所，更是集会乐园。大台阶下方设置阶梯教室。中庭环廊布置教学用房，两端扩大为开放平台，提供多样性的交往和展示空间。

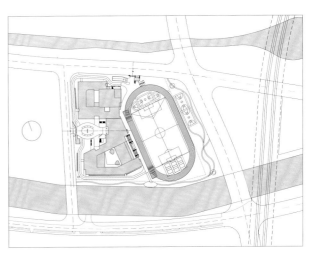

总平面图

苏州山峰双语学校
Suzhou Mountain Bilingual School

苏州山峰双语学校是同合作设计单位共同完成的，校园的总体布局呈现为清晰的三部分，由南至北依次是文体中心、综合教学楼，以及宿舍、食堂等生活后勤用房。

综合教学楼——长卷与焦点：通过把普通年级教室、专业教室、兴趣教室、活动室、行政等多种功能融合形成立体的教学综合体，不仅适合于如走班制等创新教学模式，也为学生们的活动和未来学校各式各样的"非正式教学空间"提供了无限的可能。综合教学楼设计从假山中汲取灵感，构想形成一组教学楼内的"空间雕塑"立体园林，既起到了联通走廊的交通作用，同时产生了更多的休息、交流场所。学生们可在此区域内自由地探索、漫游，成为激发学生们创造性的立体创新空间。

宿舍、食堂生活区——格构与尺度：宿舍与食堂的立面呈现出"规则中的变化"，宿舍与食堂的立面延续了校园整体的简洁形式，强调平衡与和谐秩序感。高层宿舍的外立面以错落的方格构成立面的控制元素，通过外立面设备装饰百叶的交错形成韵律与变化。多层宿舍则通过简洁的片墙元素，结合片墙之间的装饰百叶进行立面的构成。

基地位置 江苏省苏州市　　**设计时间** 2019—2021 年　　**建成时间** 2022 年　　**基地面积** 43,431m²　　**建筑面积** 59,086m²

设计理念分析图

假山与园林：我们将苏州园林内的假山、太湖石转译为多孔、通透的"立体假山"的形象。

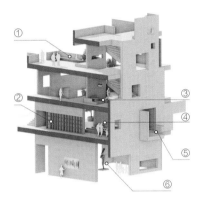

"立体假山"内部所涵盖多种复合多义的空间类型（① 休息平台、② 图书角、③ 兴趣活动、④ 空中课堂、⑤ 观景／演讲台、⑥ 展厅），意在让学生们不仅成为建筑的使用者，也是体验者和表演者，毕竟他们的活动和交流才是校园内最生动的焦点和景观

对页：综合教学楼南立面

综合教学楼是一栋200m长的庭院的单体建筑，直率而简朴，它是校园的背景，也是场所的骨骼，具有强烈的基础设施的特征，不管是在功能层面还是公共性层面，都展现了最大的容纳性和共享性。

本页：综合教学楼内部中庭透视

"立体假山"不仅仅用于外在的观赏，而同时是上下的交通设施，更是师生交流、休息、思考的非功能场所，错落的空间、交错的形式、盘旋缠绕的楼梯给人们攀爬"假山"的有趣体验，也是教学楼中庭内的两处视觉和体验的空间焦点。

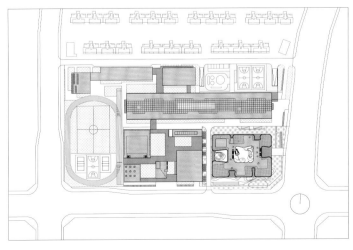

总平面图

上海市公共安全教育实训基地
Shanghai Public Safety Education Training Base

上海市公共安全教育实训基地位于上海市青浦区东方绿舟，是由教育部命名的上海市示范性综合实践基地。项目从立项到运营全过程受到教育部、上海市委市政府高度重视，并获得中央专项彩票公益金资助。

基地总建筑面积 26,467m²，地上 3 层，地下 1 层。涵盖地震灾害、气象灾害、消防安全、防空安全、轨道交通安全、道路交通安全、日常生活安全、紧急救护等 8 个安全教育主题场馆。同时项目辅以开放性户外实训场地建设，依托东方绿舟内其他设施和公共资源，系统设计并突出重点实训体验项目建设。

设计取"团结互助"的理念，结合具有此象征意义的"双手"，力求展现公共安全教育"团结、合作、互助"的实训精神，并从形态上寻求功能结构与设计立意的协调统一。

基地位置 上海市青浦区　　**设计时间** 2013—2018 年　　**建成时间** 2018 年　　**基地面积** 65,068m²　　**建筑面积** 26,467m²

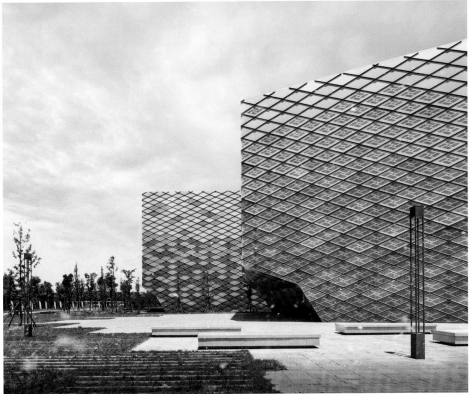

对页：整体鸟瞰

通过对十指交叉形的建筑形态进行分割、优化，结合内部使用，在中央入口大厅两侧各设置了五根指状建筑，形成逻辑清晰的空间和功能结构。建筑形式极具雕塑感。

本页，上：主入口正视

设计采用开放式菱形金属网格覆盖整个外立面，仅在大厅南北主入口和指缝之间采用大幅落地窗系统。既为宽敞的大厅带来良好充足的自然采光，又可让访客欣赏到各指状建筑体量间的园区景观。

下：局部透视

幕墙饰面采用渐变色金属铝板，日间呈现出蓝灰色光泽，如同波浪水光，使建筑更好地融入周边环境。穿孔铝板的应用为需要采光的室内引入自然光。

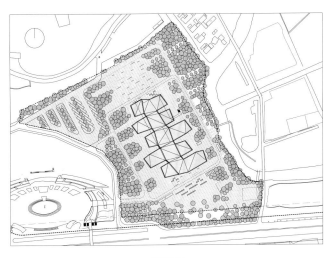

总平面图

泉州市东海学园机关幼儿园
Quanzhou Donghai Academy Institutional Kindergarten

泉州市东海学园机关幼儿园基地位于福建省泉州市观音山山脚的一块草坡上，是一个 20 班规模的幼儿园。围绕"坡地上的儿童乐园"的设计主题，总体布局顺应地形，兼顾朝向，将 3 组教学活动单元以北偏东 45°的方向依次布置，层层跌落，形成富有序列感的建筑形态。建筑布置于 4 个不同标高的台地，以低矮的姿态"匍匐在向阳草坡"，与场地环境有机融合。多级退台的屋面平台形成立体化的室外活动场地，缓解了有限用地和活动场地需求间的矛盾。

室内公共空间引入"儿童街"，置入多个不同尺度的开放内院，通过室内坡道连接不同标高楼层和平台，让不同年龄的儿童都能在这个空间一起游戏，分享快乐。

基地位置 福建省泉州市	设计时间 2016 年	建成时间 2018 年	基地面积 12,234m²	建筑面积 12,311m²

室内公共空间概念 ——————

幼儿园犹如一个小型的社区，而"儿童街"便是社区的街道，将不同的单元组织起来，形成一个整体。不同年龄的儿童可以在这个趣味十足的公共空间中一起游戏、分享快乐。

对页：整体鸟瞰

建筑布局顺应场地，层层跌落，天然形成了多级屋面平台和室外活动场地，实现建筑"匍匐在向阳草坡"，与场地环境有机融合。

本页，上：屋顶平台

建筑屋顶平坡结合，形态丰富。多级退台自然形成立体化的屋面活动平台。立面借鉴闽南传统古厝民居的传统色彩和元素，采用红顶白墙、木色格窗，给人以活泼亲切的感受。

下：内院和坡道

适应地方气候，平面嵌入多个开放内院，布置沙坑、嬉戏水池；室内公共空间以大坡道联系不同楼层，空间流畅，尺度亲切，是儿童喜爱的上下奔跑、嬉戏游乐之所。

总平面图

上海市公共卫生临床中心应急救治临时医疗用房
Shanghai Public Health Clinical Center's Emergency Treatment Temporary Medical Housing

2020 年初，上海市政府综合研判新冠肺炎疫情发展，紧急启动上海市公共卫生临床中心应急救治临时医疗用房项目。项目以建设快速、流程高效、感控安全为主要设计理念，总结多种应急建设设计策略。采用模块化设计理念，选用集装箱与钢结构的组合形式，构建多种功能模块。采用"三区两通道"原则，实现洁污、医患、货物和医废分流，避免交叉感染。重点关注负压系统建设，实现气流组织的有序压力梯度，在有限条件下保证应急临时建筑的较长使用时效，并一次性通过负压检测。项目在一周内完成主体结构安装，节约工期约 50%，在 21 天之内完成了建设和设备调试并顺利投入使用，为上海市公共卫生临床中心在新冠肺炎疫情期间的医疗救治提供及时的应急床位储备供应。

基地位置　上海市金山区　　设计时间　2020 年 1 月 29 日　　建成时间　2020 年 2 月 23 日　　基地面积　115,304m²　　建筑面积　9,710m²

对页：整体鸟瞰

本项目设计理念强调应急临时医疗建筑的标准化、模块化、可快速、可复制、可拓展、可持续特色。按照"一次规划、分步实施"的原则，一期实施 200 床。主体建筑地上二层，主要功能为传染病病区，以双床间为主，单人间为辅。此外，还设置了医护工作区、休息区、宿舍区及污水处理等辅助设备用房。

本页，上：人视透视

病房区按照最高等级的负压病房进行设计，内部设计以"三区两通道"为原则设计，满足医院感控要求。同时充分利用基地空间，同时又与原有院区紧密结合，将洁污流线、医患流线、货物和医废流线合理组织，避免交叉感染。

中，下：室内实景

为确保达到较长使用时间的建设标准，重点关注病房负压系统的建设，采取分步封堵、层层落实围护结构的密闭效果，达到规范和使用要求。对于项目中产生的废气、污水以及雨水等均采取技术处理，达到环境保护的相关要求。

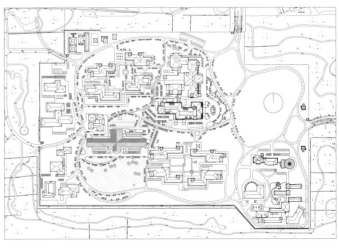

总平面图

上海市第一人民医院改扩建
Expansion and Renovation of Shanghai General Hospital

上海市第一人民医院改扩建工程基地内部保留的一幢四层的原虹口中学教学楼，始建于 20 世纪 20 年代，已投入使用约 90 年。设计对其进行了结构加固、功能重置、立面修复等全方位的保护性修缮和更新。经过整修的老建筑既保留了其历史风貌，全新的功能内核又使其焕发出新的生命。在处理医院新老院区关系时，按照"功能上互补，空间形态上引领"的原则，将新植入的功能通过跨武进路的两条空中连廊与原有老院区进行全方位地对接，使其融入到整个院区大的医疗流程之中。

项目从能源系统的选择到控制系统的配套，再到各个末端的选型，按照绿色建筑设计的相关要求进行设计，达到了国家绿色建筑二星级标准；在流程系统设计上，秉承国际最新的技术，医院在物流传输系统、弱电信息系统、医用气体系统等的整合设计上都更为专业。洁净手术部、中心供应、医学影像科等对医疗流程设计要求更高的科室也引用了国际最先进的设计理念与技术。

基地位置　上海市虹口区　　设计时间　2012—2015 年　　建成时间　2017 年　　基地面积　4,740m²　　建筑面积　47,735m²

对页：整体鸟瞰

新旧医院的融合——生长的医院：项目包含一幢集急诊中心、急救中心、手术中心、国际医疗保健中心及病房等功能的医疗综合大楼，同时将基地内的历史建筑原虹口中学教学楼保留并整合为一体。项目紧邻市级文物保护单位虹口区消防站，通过跨武进路的两条空中连廊与老院区进行连接。

本页：虹口港鸟瞰

历史建筑保护与再利用——有底蕴的医院：从虹口港眺望项目，四层的建筑即是保留的历史建筑原虹口中学教学楼。为了控制建筑的整体风格并且使之与新建建筑协调，设计提出整体的"新老共生"改造策略。

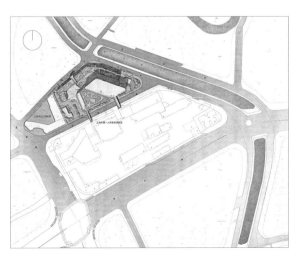

总平面图

1. 门诊及住院入口门厅
2. 急救大厅
3. 抢救区
4. 过厅
5. 预诊服务
6. 庭院
7. 诊室
8. 药房
9. 输液区
10. 办公

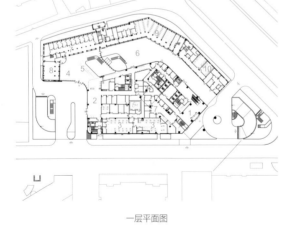

一层平面图

剖面图

本页，左：住院楼立面和屋顶康复花园

裙房屋顶开放为患者的康复花园，通过流畅的园路，将屋顶花园空间适当划分为有机的动静结合的小区域，既可交往互动，又有一定的私密性。园路与座椅空间有机衔接，构成错落生长的空间系统。患者可以在此晨练、散步、凝思，为他们打造一处宁静的疗愈空间。

右：东立面细部

鉴于保留建筑上的门窗需重新定制，即使用当代的材料表现，设计建议尽量保留窗户的小窗格分割方式，并且对部分窗格竖向分割进行调整，使得窗户的比例与建筑协调。

对页：急诊大厅

老建筑与新建筑之间通过一个连接体相衔接，形成急诊大厅。大厅一侧的保留历史建筑恢复其历史风貌；另一侧的新建建筑采取现代的建筑风格，在比例和细部上与老建筑遥相呼应。二层三层分别有连通新老建筑的连廊，且与地下一层放射科候诊厅连通，形成通透连贯的公共空间。

苏州市第九人民医院
Suzhou Ninth People's Hospital

苏州市第九人民医院位于江苏省苏州市吴江区太湖新城松陵大道与芦荡路交叉口西北角。总建筑面积 30 万 m²，设计总床位数 2,000 床，日门诊量 7,000 人次，主体医疗区包括一栋四层医疗综合楼和三栋平行布置的妇幼保健楼、肿瘤科病房楼、综合病房楼，是目前周边地区一次性建设规模最大的医疗项目。

综合医院和专科中心功能通过 L 形医院街形成集中式的医院布局，兼顾医院功能使用与建筑整体形象。结合公共交通入院打造的立体交通组织方式，实现了医患、人车、清污分开的设计理念。在各功能分区间设置内庭院，为建筑引入自然通风采光，改善病人的就医体验，做到了使用功能与建筑品质的统一。

基地位置 江苏省苏州市　　**设计时间** 2014 年　　**建成时间** 2019 年　　**基地面积** 163,245m²　　**建筑面积** 307,652m²

对页：总体鸟瞰

规整的医疗综合楼沿城市方向水平展开，形似风帆高耸平行布置的三栋住院楼垂直于湖岸，遥遥指向太湖，与规整的基地环境相呼应，简洁又不失变化。

本页，上：南侧沿河实景

水平向渐变线条的运用突出建筑位于太湖湖滨的特点，主入口处两边向上升起的线条与景观河道的波纹相呼应，同时营造出腾飞的意向，体现了作为太湖新城大型医疗港的医院建筑特色。

下：医疗街中庭

医疗街三层通高，节约能源的同时尺度更加宜人。医院街两侧建筑低一层，避免阳光直射室内。天窗钢结构菱形布置，简洁大气，同时增加空间的活泼元素。

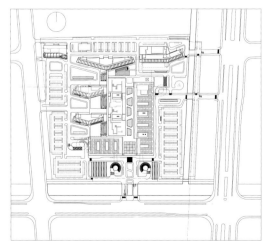

总平面图

湖南妇女儿童医院
Women and Children's Hospital of Hunan

　　湖南妇女儿童医院以"百姓绿舟"作为设计概念，以此引导建筑形态的生成。医院与患者的健康息息相关，正如一艘稳稳前行的帆船，载着人们驶往健康的港湾。港湾又如同一条纽带，将妇女和儿童、医疗以及康养结合起来，让人们感受到家的呵护。裙房好似坚实的船身，曲线的造型象征流水的动态和女性柔美、儿童的活泼与浪漫。塔楼类比高耸的船帆，赋予建筑群前进的动态与活力。一个个怡人的绿化庭院为"绿舟"带来无限生机。

　　项目巧妙利用建筑空间布局，使得妇科、产科、儿科三种功能形成分楼层布局，并且有各自独立出入口，有效分离妇科就诊、产妇、儿童三种不同人群，减少交叉感染。在紧凑的用地条件下，在裙房内部依然设置了内庭院，将新鲜空气与室外景观带入公共空间，改善就医环境，同时良好的通风采光也降低了建筑能耗。此外，采用预应力混凝土加分层转换等结构型式与处理手法，完成了门诊大厅的大跨度大挑高的结构设计，给患者营造了舒适通透的就医环境。

基地位置 湖南省长沙市　　**设计时间** 2015 年　　**建成时间** 2022 年　　**基地面积** 93,353m²　　**建筑面积** 143,447m²

形体生成分析图

地形和体块

↓

河水冲刷形成"港湾"

↓

绿化及庭院

↓

船帆

对页：东北角鸟瞰

建项目用地南北轴较长，约为东西轴的两倍长度。为集约用地以利于远期发展，方案采用集中式的布局。总体布局综合考虑了长沙当地全年西北风、夏季南风的主导风向，以及日照、交通等因素。

本页，上：东侧主入口

主入口设置双首层，既解决了人流与车流交叉的问题，又化解了场地带来的高差问题。雨篷设计成具有流线感的拱形屋顶，极具特色的曲线造型形成建筑外部的视觉焦点，同时带来丰富的室内外空间体验。结构设计时，通过结构找型，利用拱壳的受力特点，完成了近20m的悬挑雨篷。

下：入口门厅

对应建筑入口门厅设置三层通高的中庭空间。开敞的公共空间减小了前来就医人员的压力，塑造友好、开放、清晰的空间概念。

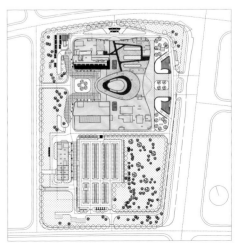

总平面图

上海市第一人民医院眼科临床诊疗中心
Ophthalmology Clinical Center of Shanghai General Hospital

上海市第一人民医院眼科临床诊疗中心位于虹口区海宁路100号，上海市第一人民医院南部院区内。项目共包括一幢22层的A楼和一幢5层的B楼，其中A楼建筑高度95m，B楼建筑高度24m。总床位数550床。

临床诊疗中心着眼于最新的医院建设发展趋势，采用学科中心模式的布局，建立了医院眼科、消化科、泌尿科三大优势学科中心，构建以学科中心为导向的新型医疗综合体。

竖向分区的建筑体量内，每一个中心都相对独立，其内部配备了满足自身需求的门诊单元、医技科室、住院病房和科研实验室等，在资源共享的同时满足其独立性。同时，项目不仅仅在科室布局上有所创新，在诊疗理念、就诊流程等方面都有对传统的突破。

基地位置 上海市虹口区　　设计时间 2017—2022 年　　建成时间 2023 年　　基地面积 26,031m²　　建筑面积 99,843m²

对页：沿海宁路方向整体鸟瞰

临床诊疗中心复合了多个科室和功能，将南侧院区的空间整合为一幢高效的建筑复合体，将院区各个功能整合的同时释放了地面的空间。在建筑间围合出的空间设计了广场、下沉庭院等，形成了多层次、多形态、多样化的外部公共空间。

本页，上：整体鸟瞰

建筑遵循古典的比例关系，采用古典三段式结构，顶部采用逐层收分的构成手法，一方面形成律动感，另一方面也使建筑形体得到丰富。整体形象上以竖向的线条强调挺拔的建筑形态，同时在线脚、门窗套、雕刻纹样、檐口压顶等建筑细部上使用简洁的装饰语言和严谨的比例关系，使建筑更为精致典雅。

下：门诊大厅

新建筑与老门诊楼之间通过一个连接体衔接，形成门诊大厅。五层通高的中庭将自然光线引入室内，天窗的划分形式与梁柱等结构体系的装饰巧妙融合，地砖的拼接纹样也与之相呼应。

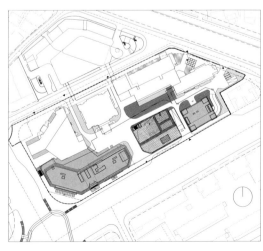

总平面图

复旦大学附属妇产科医院（红房子医院）青浦分院

The Obstetrics and Gynecology Hospital of Fudan University (Shanghai Red House Ob and Gyn Hospital) in Qingpu

复旦大学附属妇产科医院始于 1884 年中国首家妇产专科医院——西门妇孺医院的门诊部。设计希望青浦分院顺应新时代医院标准，接轨国际化医疗技术的同时，依然传承辉煌的历史。让人们体会到百年积淀所带来人文情感，让患者感受到历史口碑所给予的治愈信心。

青浦分院坐落于一湾静水之旁，需要设计能与水面互动的建筑形体、能与自然相融的建筑空间。妇产科医院不同于综合医院，怀孕到分娩是人类自然的生理过程，是充满喜悦的人生体验，需要创新的、融入自然的就医环境体验，赋予红房子院区独特的生态人文关怀。

妇产科医院是生命诞生的地方，每时每刻都在孕育希望，守护健康。设计希望项目呈现出如母亲怀抱般温暖、柔软的安全感。建筑通过环抱式的建筑姿态，流畅柔软的建筑形体，塑造温暖的建筑气质，借此将希望的生命种子保护在坚强的母亲臂弯中。

| 基地位置 | 上海市青浦区 | 设计时间 | 2018 年 | 建成时间 | 2023 年 | 基地面积 | 64,000m² | 建筑面积 | 86,000m² |

形体生成分析图

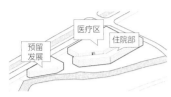

顺应地形的规划布局

沿城市布置门急诊，医技位于中心，
病房楼滨水而建

医疗街串联起门诊与医技，并延伸至病房楼，
动线高效

由庭院创造自然生态的就医环境，与沿河景观
形成景观通廊

调整建筑形态，融入景观节点

建筑与景观互动，增加退台、架空等，
丰富流动的建筑形体

对页：整体鸟瞰

本页，上：主入口透视；下：病房楼立面

"红房子医院"是上海市民对复旦大学附属妇
产科医院的爱称，是这所百年名院在上海的文
化名片。青浦分院建筑表皮由弧线的红色陶板
与陶管包裹，层叠斜错的排列方式与水波纹的
表面处理呈现了新院区的独属特征，既有红房
子的传统神韵，又别具现代前沿特色。

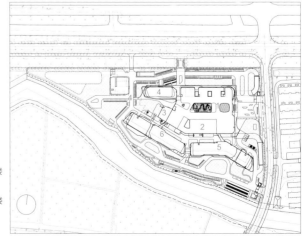

1. 门急诊楼
2. 医技行政楼
3. 报告厅
4. 行政办公楼
5. 妇科病房
6. 产科病房

总平面图

1. 门诊大厅　　6. 药房
2. 等候区　　　7. 综合服务区
3. 二次候诊区　8. 会议区
4. 急诊大厅　　9. 行政办公门厅
5. 产科

对页：地下入口门厅

产科准妈妈们的敏感与妇科患者的焦虑，都使妇产科医院的设计除满足功能性的要求以外，更加需要考虑医疗空间的自然生态和人性化的设计。入口雨篷迎接人们步入明亮开敞的医院大厅，一进到门厅就能看到对面生机盎然的室外庭院，给人宁静安逸的心灵慰藉。自然景观通过建筑中部的"孕育之庭"渗透进医院内部，优美的环境为人们舒缓心情，营造绿色温馨的疗愈体验。"生命之环"围绕着"孕育之庭"，布局紧凑而高效。它串联起各个医疗科室，是门急诊与医技的交通环廊，在"生命之环"穿梭与等待的时光里都有阳光与绿色相伴。从地下车库就医的患者可行车至地下接诊门厅，门厅直通"孕育之庭"，打破了传统地下室黑暗冰冷的印象，人们在这里同样可以享受自然的恬静。

本页，左上：住院楼透视图；右上：门诊楼透视；下：庭院俯视图

门急诊医技行政楼一层平面图

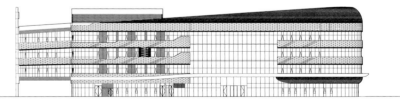

立面图

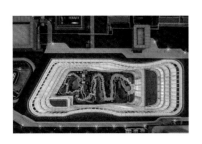

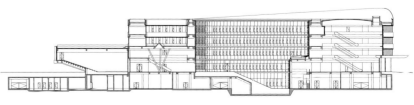

剖面图

中国医学科学院肿瘤医院深圳医院改扩建工程（二期）

Reconstruction and Expansion Project (Phase II) of Cancer Hospital Chinese Academy of Medical Sciences, Shenzhen Center

中国医学科学院肿瘤医院深圳医院改扩建工程位于广东省深圳市龙岗区，是深圳市的三甲肿瘤专科医院、华南地区的肿瘤治疗新标杆及国家级区域医疗中心，是关系民生的重大工程。

本次二期改扩建工程包括一栋 1,200 床的住院大楼、一栋后勤综合楼、与现状建筑相连的新建连廊及液氧站、垃圾站、污水站等配套工程的扩容与迁改，同时对原有住院楼进行部分改造。二期工程新建建筑面积为 220,964m²，建成后，全院区总建设规模将达到 2,000 床。改扩建项目中医院规模的变化对功能分区及交通网络进行了较大调整，肿瘤专病特性也对检验、治疗设备和康复环境提出了特殊要求。同时，用地内改扩建一期和质子治疗中心项目的设计施工，增加了设计工作的复杂性。设计逐一梳理医院改扩建设计中的相关问题，通过有针对性的设计策略，实现了整个院区功能与形式的整合与新生。

基地位置 广东省深圳市　　**设计时间** 2019 年　　**建成时间** 在建　　**基地面积** 96,403m²　　**建筑面积** 220,964m²

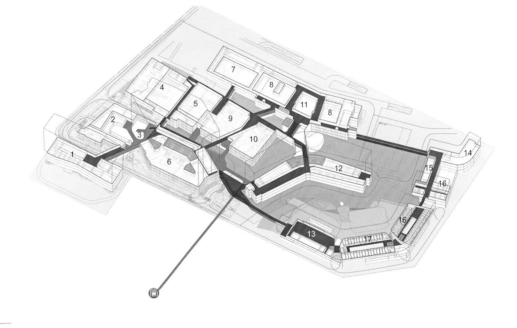

1. 质子治疗
2. 病案室
3. 门厅
4. 医用库房
5. 清洁区
6. 药物配送
7. 急诊
8. 门诊
9. 诊室
10. 检测区
11. 入口大厅
12. 住院楼
13. 员工餐厅
14. 信息技术
15. 行政办公
16. 员工宿舍
17. 专家公寓

对页：夜景鸟瞰图

设计延续一期的立面风格，实现整体的风貌统一；统筹并梳理全院区医疗功能，实现资源共享协同整合。

本页，上：后勤综合楼透视图

设计利用场地地形高差，结合一期原有下沉花园，将原本破碎的景观进行整合，形成了立体多层次的地景式景观花园。最大化开发土地价值的同时，院区扩建后仍保留供患者、家属及医护人员休息漫步的花园，达到疗愈病人的效果。

下：互联互通，构建人车物流联系网络

设计梳理原有空间联系，通过新建立一套空中复合连廊系统，将新建住院楼、后勤综合楼、拟建质子楼，与原有医技、住院、门急诊、综合楼紧密联系，达到患者就诊流线、医疗多层次物流、医护办公生活流线三大功能的大贯通，形成密集串联整个园区的超级网络。

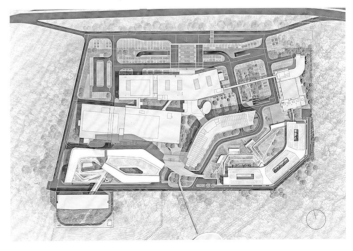

总平面图

中国人寿苏州阳澄湖半岛养老养生社区
Suzhou Yangcheng Lake Elderly Care Community Project

中国人寿苏州阳澄湖半岛养老养生社区以江南文化为设计出发点，以营水造园为主线串联整体规划结构。通过借鉴传统苏州园林和苏式建筑手法，打造具有在地性和归属感的老年乐龄社区。社区核心处引入健康环道，环内为包含文体、康养、健康管理、护理等公共服务配套，环外为活力养生组团和介乎养老组团。各组团廊桥串联，适老可达。居江南屋，逛水乡院，游苏州园，享健康环。社区已成为各年龄段老年人的乐龄颐养家园。

为解决老年人无障碍出行与车行道路交叉的问题，交通组织设计通过引入"健康环路"不仅最低限度地减少与城市公共道路的交叉，同时有机组织地上地下的交通体系。社区全域室外的风雨连廊系统结合休息平台提供一个连续的步行走廊系统，连接各个服务配套公建，充分提高社区内部的步行优先原则及安全性。

基地位置 江苏省苏州市　设计时间 2015 年　建成时间 2019 年　基地面积 10,520m²　建筑面积 109,510m²

手绘分析图

健康环规划体系

社区建筑形象

社区步行连廊场景

对页：核心园林景观区鸟瞰

社区以营水造园的规划设计手法串联空间结构，
通过梳理水系、连廊、园林的空间序列关系，
为长者提供健康可达的空间环境。

本页，上：核心园林景观区人视

水榭对景，相映成趣。社区中引入苏式园林的
造园思想，并将江南建筑的韵味引入其中，步
移景异，为老年人打造生态宜居的乐龄颐养
家园。

下：养老养生区人视

社区通过连廊串联，为不同组团间提供无障碍
联系，形成社区环路，四季通行。

1. 养老养生区 A 组团
2. 养老养生区 B 组团
3. 国寿综合体
4. 养老健康中心

总平面图

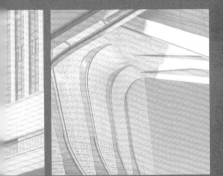

COMMERCIAL, COMPLEX

商 业 、 综 合 体

上海嘉定凯悦酒店及商业文化中心
Hyatt Regency Shanghai Jiading and Commercial Culture Center

上海嘉定凯悦酒店及商业文化中心位于上海市嘉定区，东以环湖路为界，西临裕民南路，南靠塔秀路，东南方向面临远香湖。项目由超高层五星级酒店、5A甲级写字楼及商业裙房组成，配合相邻的保利大剧院，构成一个综合性的文化交流场所。该项目与日本安藤忠雄建筑研究所合作完成。

为了与保利大剧院的标志性外观呼应和平衡，以及确保能眺望在基地东侧的远香湖，超高层塔楼布置在基地的西南角，平面是边长为44m的正方形。在垂直方向上设置酒店（公共区域）、酒店（客房区域）、办公区域等功能体块。设计上把功能体块错位配置起来，赋予其变化性。商业裙房和保利大剧院一样以100m×100m的体块为基础，配置2个十字交错的商店街。

| 基地位置 上海市嘉定区 | 设计时间 2009年 | 建成时间 2018年 | 基地面积 25,848m² | 建筑面积 163,997m² |

对页：整体鸟瞰

项目力求通过与周边环境相融，与相邻的保利大剧院一同构成富有代表性的国际性文化交流区域，做出与众不同的空间体验，与保利大剧院一起成为嘉定区以及上海市标志性建筑。

本页，上：远香湖处远眺

根据观察角度的不同，建筑空间变化出多种多样的表情。透明和半透明的玻璃幕墙，赋予了变化丰富的外观。材料与形体均力求与保利大剧院外墙的清水混凝土及玻璃幕墙保持呼应。

下：酒店入口处

入口采用跨度达 36m 的大雨篷，并设置 V 形大柱子。V 形大柱子选用 GRC 材料达到清水混凝土效果。

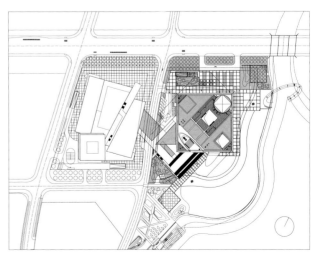

总平面图

厦门宝龙国际中心
Powerlong Xiamen International Center

厦门宝龙国际中心是项目三期开发中的第二期，为城市区域级大型购物中心。用地位于福建省厦门市思明区，吕岭路与金山路的交叉口，是当地重要的交通要口，也是厦门市湿地公园、香山公园和忠伦公园三个自然保护区的中心。设计基调以人文、休闲娱乐及高端时尚的商业为主，旨在打造具有厦门亚热带气候特点的商业流量中心和时尚风向标。

整个项目跨城市道路多个地块，有机整合不同功能，结合当地亚热带气候特点，为协调解决城市多元功能、复杂地形与城市公共交通资源三者所引发的各类设计矛盾给出具有探索精神的答案，补充并创造了厦门新区的城市结构肌理，最终呈现出鲜明的非厦门不可，浪漫唯美文艺格致的都市精神领地。

厦门宝龙国际中心贯彻始终"场所营造"的设计理念及态度，为应对科技智能消费时代的挑战做足功课。项目将大众的场所体验由内向外延伸发展，丰富且多元。整个设计概念从城市的角度出发，在整合城市公共资源的基础上，统筹实现商业建筑的可持续性设计美学。

| 基地位置 福建省厦门市 | 设计时间 2013—2016 年 | 建成时间 2019 年 | 基地面积 44,210m² | 建筑面积 94,246m² |

场地分析图

23m 标高层

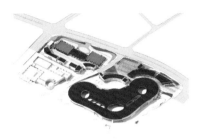

29m 标高层

对页：整体鸟瞰

本页，上：23m 标高主入口透视；下：29m 标高主入口透视

项目用地随东侧城市道路金山路北高南低，高差 6m。整个项目设计双首层地面系统，共计 6 处商业主出入口，创造性地给商业注入大量人流及活力能量，也设计出更多的商业首层黄金铺位，为该商业项目创造巨大的经济价值。

总平面图

1. 餐饮
2. 商业

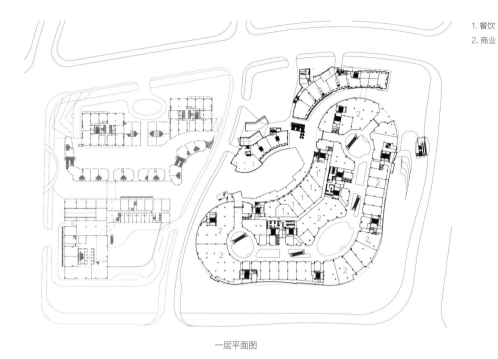

一层平面图

立面图

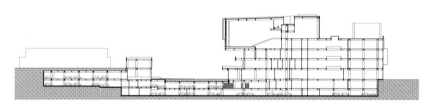

剖面图

对页，左：屋顶人文艺术街区

项目设计利充分利用厦门当地亚热带气候的特点及基地四周优美的山水景色，积极营造屋顶商业人文艺术街区。拓展丰富商业业态类型的同时，给消费者带来与地面景观体验截然不同的空中文化体验，将购物中心场所体验延展至室外。

右：屋顶大跨度采光天窗

屋顶天窗采用了由刚性构件上弦、柔性拉索，中间连以撑杆形成的张弦结构，其结构组成是一种大跨度、自平衡预应力空间结构体系。

本页：地面中央景观"蓝宝石湖"

项目的特色水景花园"蓝宝石湖"与北侧的购物中心相依，在23m的标高上打造了一个由步道环绕的中央核心景观，为不同年龄层的访客提供了一个享受休闲美食和娱乐，放松身心的亲切感十足的目的地。水景同时位于项目中心的位置，也将整个综合体的各个部分有机联系在了一起。通过公交、自驾以及未来的地铁，人们都可以轻松到达这个城市休闲空间。同时，也是创建项目亚热带气候微生态循环系统的核心。

上海久光中心
Shanghai Jiuguang Center

上海久光中心位于北上海轴线正中，大宁商圈的中心。同济设计与拥有崇光和久光两大品牌的利福国际集团一起开拓创新，打造上海首家超级百货 MALL 与开放式购物中心精巧结合，成为北上海商业面积最大的旗舰购物中心。"商业溪谷"的设计理念是将紧邻的大宁公园的绿意引入地块，并形成层层向上、向下推进的流动姿态。地块中心塑造了一个宏大的核心空间，具有商业中庭、庭院、阳台、城市舞台和城市广场的多重功能，从地下二层开始，层层铺叠、扭转，直至屋面。

同济设计完成了土建设计、商业／办公的全部室内、景观、灯光、基坑、BIM 等专项的设计深化与落地工作，作为设计总协调，执行了全过程高精度设计管理。10 年间闸北区并入了静安区，项目经历了多次新旧规范更迭、零售市场的剧烈震荡。通过出色的技术和服务，高品质交付与灵活应变并举，作为业主最可倚靠的技术力量，同济设计显示出在超长周期复杂项目设计中的独特优势。

基地位置　上海市静安区　　设计时间　2012—2017 年　　建成时间　2021 年　　基地面积　50,153m²　　建筑面积　348,338m²

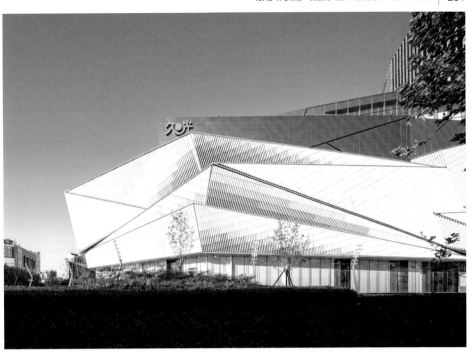

对页：整体鸟瞰

建筑面积达 34.8 万 m²，百米双塔与环形购物中心组成，商业地下二层、地上六层，商业总量超 18 万 m²，成为北上海旗舰商业地标。

本页，上：高架侧立面

一副黑白皴晕、抽象墨韵的横向山水画于高架一侧铺陈开来，超大商业可以如此雅致。

下：大型下沉广场

模糊地上地下——大尺度楼梯与平台，从地面向地下与空中两个方向层叠推进。向下为两层地下商业无缝引入错开的大型下沉广场，广场主舞台也设在地下一层，置身 -12.5m 标高，与站在首层广场感受趋同。

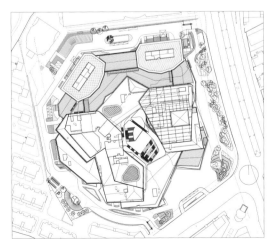

总平面图

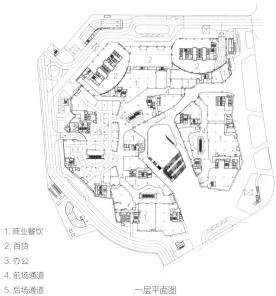

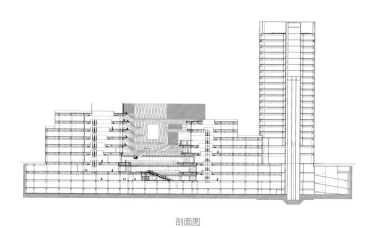

1. 商业餐饮
2. 百货
3. 办公
4. 前场通道
5. 后场通道

一层平面图

剖面图

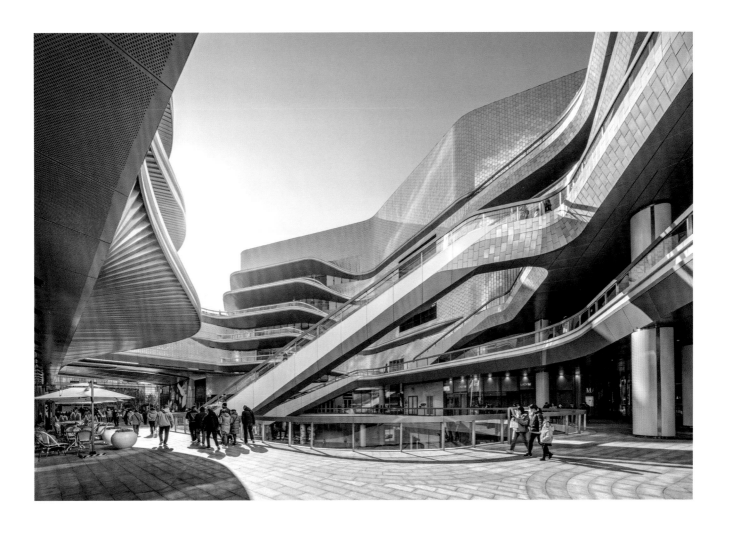

对页：商业中庭

项目塑造一个宏大的核心空间，具有商业中庭、庭院、阳台、城市舞台和城市广场的多重功能。

本页，上：溪谷广场

珠光幻彩陶板＋红铜色金属飘带，于楼层间溢动出道道飘逸绚烂的潺潺溪流，使顾客在项目内部获得更纯粹的场所归属感和消费体验。

下：室内中庭

环形主动线由相距约 90m 的 3 个中庭串起，被分别赋予"都市 T 台／都市绿洲／都市场地"主题，围绕"轻奢百货、家庭消费和文化娱乐"的三大主题区域，形成充盈大环动线的内容驱动，表里如一，活力满满。

前滩太古里
Taikoo Li Qiantan

前滩太古里位于上海市浦东新区前滩板块，总面积约 20 万 m²，是浦东新区建筑师负责制试点项目。项目采用开放式、里巷交错的建筑布局，以"双层开放空间"在屋顶打造街区形态。地块用地呈三角形，两条轨交线路穿越，将地块划分为南、北两区。轨交上方荷载非常受限，为实现连通，南北区之间由 80m 跨度的"悦目桥"横贯上方；为实现 S5 单体，桩基隧道之间见缝插针，与 80m 跨大连桥遥相呼应，实现商业流线的环通。项目以"WELLNESS"为设计理念，以人文主义为出发点，以木、石、水等自然元素为设计灵感，河水雕刻岩石，岩石界定河川。设计线条明快流畅，建筑尺度轻快宜人，在开放里巷的空间基础上营造了地面、屋顶"双层开放空间"，彰显了回归自然主义和人文主义的初心。

基地位置 上海市浦东新区　　设计时间 2015—2020 年　　建成时间 2020 年　　基地面积 59,283m²　　建筑面积 208,496m²

重点空间生成分析图 ————————

80m 连桥西侧连接南北区

S5 单体东侧架于地铁上方实现商业环通

室外连廊实现各单体之间连通

置入南北区中庭放大空间节点

对页：东侧鸟瞰

开放式、里弄交错的建筑布局，首次以"双首层公园"的建筑概念在一楼户外空间开辟8,000m² 的中央公园以及位于屋顶的上海商场首创450mAI 智能天空步道。设计将屋面机电设备整合装饰，精致的屋顶花园结合浓厚的商业氛围，为消费者提供人与人、人与环境互动体验，将商业从狭义概念的消费场所扩展为对健康生活方式的参与和体验。

本页，上：沿街立面

简洁统一的外立面设计手法，提高建筑品位，白色作为百搭色，与不同风格色彩的店铺店招设计均可和谐匹配。设计合理规划立面百叶布置原则，最大程度弱化百叶对立面影响。

下：内街立面

采用各层水平连廊与垂直扶梯形成便捷的交通网络，设计过程中对扶梯位置进行了多轮优化探讨，既要形成整个立体交错的商业空间，又需避免扶梯对商业店铺的遮挡。与传统太古里项目相比，前滩太古里的流线设计提升了商业店铺的可达性与交通便捷性，增加了人行流线的选择性与趣味性。

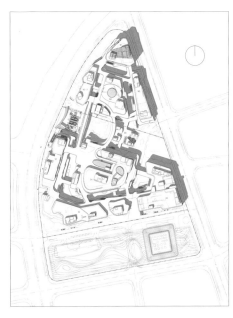

总平面图

立面图

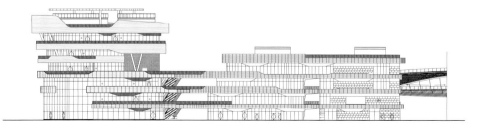

立面图

上：内部庭院

项目沿街采用纯净的白色 GRC 水平线条塑造
建筑外立面，在内部南北区 N4 及 S4 核心单体
搭配木材与石材，在满足前滩地区白色外立面
的建筑控制要求的同时，避免了过于呆板冷清
而削减商业氛围。

1. 餐饮
2. 零售

左上：悦目桥外观

"果然名实善相随，百尺高楼悦目时。试看浅烟方淡荡，便教不雨也迷离。"80m跨度的"悦目桥"横跨南北区，三层为桥体内部空间，四层为露天空中跑道，三层四层实现高区连通，近可俯瞰中央景观区，与地铁出入口的人群形成视线交流，互为风景。远可眺望前滩商务区建筑群以及黄浦江，目之所及，一览无余。

左下：悦目桥内景

"悦目桥"将美观与功能相结合，结构专业为此进行了多方案比选，从下部结构作用、上部结构刚度、顺桥向刚度三个层面进行综合分析，形成自平衡体系。为使连桥建筑效果更为丰富，在外装饰格栅的设计上，采用三维变化造型，内外空间视线互相渗透，增加游览趣味性，使连桥更为流畅，造型更为轻巧。

右：石区室内

建筑室内外一体化设计，在木区及石区室内，分别采用木质及石材材质。为保证中庭视线开阔度，设计将靠近中庭侧柱子全部拔出，利用悬挑实现纯净中庭空间，设计采用"帆拱"造型，结合屋面采光天窗。

一层平面图

上海国际旅游度假区精品购物村
Shanghai International Resort Shopping Village

精品购物村位于上海国际旅游度假区 7km² 核心区东南角，是一期乐园配套用房。作为核心区重要的组成项目，总用地面积 144,535m²，由 27 个建筑单体组成，主要功能为零售商店、餐饮、配套办公等。

总体空间布局以中央湖泊水景为中心，径向发散出 4 条放射状轴线，塑造出以纽约、巴黎、米兰以及维也纳 4 个国际性大都市为主题的购物街意向，并通过 3 条环向街道衔接，形成纵横联通的完整空间布局。

该项目具有以下特点。商业氛围集聚："三环"即 3 条环向街区，"四纵"即 4 条放射状街区，"一中心"即中心湖区景观；功能主次明晰：前场购物区为主，后场服务区为辅；空间布局合理：沿街区面为商铺，组团内围合形成后场服务区，沿湖为餐饮、休息空间；超越传统商业设计思路：传统商业设计更多的是侧重商铺个体展示，项目将承载商铺的建筑及景观作为重点呈现。

基地位置 上海市浦东新区　　**设计时间** 2013 年　　**建成时间** 2016 年　　**基地面积** 144,535m²　　**建筑面积** 56,874m²

对页：湖畔建筑群夜景

本页，上：沿滨水大道夜景

外立面采用多个系统的综合，其中前场区以白砂岩、黄砂岩石材，GRC 装饰造型为主，辅以铝合金装饰造型打造了现代欧式仿古风格。设计在立面上使用了 18 种石材饰面，约 50 种金属颜色效果和 100 种涂料颜色，使整个工程立面颜色丰富充满活力。

下：建筑群夜景

外立面除了材料和颜色丰富之外，在立面造型上也别具匠心，除了立面上各种常规线条和进退关系之外，设计还在立面上设置了 184 种装饰花型和十多种金属花式栏杆。

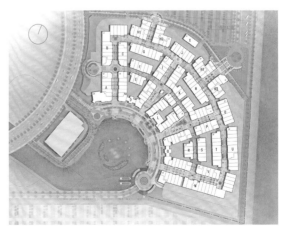

总平面图

沣东新城中国国际丝路中心
China Silk Road International Center of Fengdong New City

在西安古城正西，西咸新区沣东新城核心区，中国国际丝路中心矗立于曾经中国与世界交流的路口，将丝绸之路的历史遗产转化成生动的建成环境。该项目塔楼高 498m，包含办公、酒店、商业、会议等功能，强化了西咸新区作为新经济中心的地位，塔楼立面使人联想到飘逸的丝绸，展示了该地区历史与未来的联系。建成后，中国国际丝路中心将成为中国西北的最高建筑，与古城西安天际线一脉相承，在与大雁塔遥相呼应中相得益彰。

如同丝绸之路是一条历史纵横交错的通路，塔楼也有很多"交叉"的造型，为独特的结构框架设计创造了机会。西安兵马俑铠甲的灵感也体现在立面上，由一层层"甲片"组成的"铠甲"在多层立面上投射出阴影，其大地色调也反映了制作西安兵马俑的黏土的色泽。

基地位置　陕西省西安市　　设计时间　2017—2020 年　　建成时间　在建　　基地面积　32,258m²　　建筑面积　385,036m²

对页，左：塔楼人视

超高层塔楼与周边多座相对低矮的建筑形成中心向两侧降低的天际线曲线，形成强烈向心力的同时给人优美的视觉感受。

右：会议中心沿街透视；本页，上：入口

设计充分尊重当地的材料历史，运用不同参数的玻璃模仿玉石和丝绸的质感，运用铜色铝板模仿陶土的质感。入口雨篷由半透明的玻璃层叠组成，令人联想到丝绸的细薄感和透明度。

中：从空中大堂结构加强区望向城市的景致；
左下：塔冠鸟瞰；右下：塔楼细部透视

塔楼采用收分造型，优化了结构效率的同时，也满足塔楼的其他设计要求（消防安全、可施工性、形式美学和效率），并为建筑提供开阔的城市景观；立柱结构体系形成的四个角部，赋予塔楼独特的轮廓；塔楼顶部的塔冠由四道结构墙围合而成，在塔楼顶部与天空相接处，使形态形成圆满的收口处理；高性能建筑围护与较低的窗墙比在极端气候季节为建筑保持舒适，节约能源。

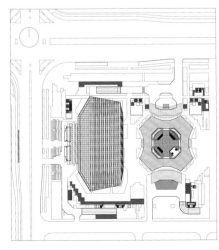

总平面图

HISTORIC PRESERVATION AND RENOVATION OF EXISTING BUILDING

历 史 建 筑 保 护 与 既 有 建 筑 改 造

嘉兴火车站区域提升改造
Renovation of Jiaxing Railway Station Area

嘉兴火车站区域位于嘉兴老城区外东南方。1921 年，一群热血澎湃的年轻人给这片区域留下红色的历史记忆。现如今，使用中的嘉兴火车站及其周边区域因不堪重负而需要进行整体更新。

经各方讨论，确定拆除 1997 年所建的火车站，改扩建站场，并在站场南北新建站房。北广场与人民公园之间的城东路在区段整体下穿，使人民公园延伸至北广场。同时，南广场也延续了北广场的绿色设计理念、下沉车站、地面及屋面大面积覆盖绿化。

整个项目既是一个集铁路、地铁、有轨电车、公交、出租车等一系列城市交通服务功能于一体的 TOD 设计，又是一个包括多元素、多系统的城市片区更新，需要梳理各方面、各要素之间层叠交错的关系，对各个层面进行统筹设计。

基地位置 浙江省嘉兴市　**设计时间** 2018—2020 年　**建成时间** 2021—2022 年　**基地面积** 354,000m²　**建筑面积** 298,000m²

对页：北广场鸟瞰

北广场地面层以复建的老站房结合榉树广场、山石叠水，形成森林中的城市门户，将人民公园的绿色延展并融合。

本页，上：南广场鸟瞰

南广场的形体如同连绵起伏的绿丘，承托着7座商业、酒店功能的飞碟型建筑、以及占地约1hm² 的中心草坪。

下：北广场下沉广场

北广场中轴处的下沉庭院，联系地下进出站口与地面广场，承担进出站人流的垂直疏导作用。

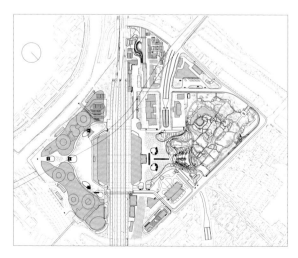

总平面图

本页，上：南北广场社会通道

联系南北广场的地下社会通道，充满时空穿梭的未来感。

下：时光长廊

"时光长廊"采用发光混凝土景墙，墙体内透的倒计时年代数字联系了古今，实现了现代景观和技术语汇在历史主题上的适宜表达。

对页，右：宣公弄片区鸟瞰

秉持适度还原1921年整体场景与打造新时代的宣公弄片区相结合的理念，在整合场地的时空要素基础上，确定"南园北街"：北面以小尺度、清末民初风貌的合院建筑组团为主，南面形成以绿化、水景为主的开阔游园空间。

左上：火车站旧址（文保区修缮）

嘉兴火车站旧址，进行"因段施策"。对文保段以复原修缮为主，尽量恢复初建时期的风貌和室内空间。

左下：火车站旧址（非文保区改造）

对非文保段，在保留风貌较好的清水红砖墙的基础上，将结构置换为框架加钢木屋架，并外饰仿青砖肌理的UHPC幕墙，实现古新融合。

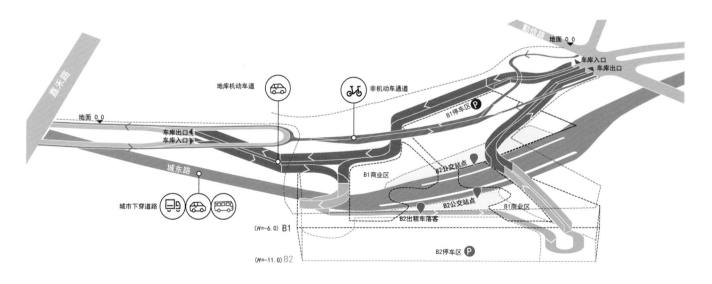

北广场车行交通流线示意图

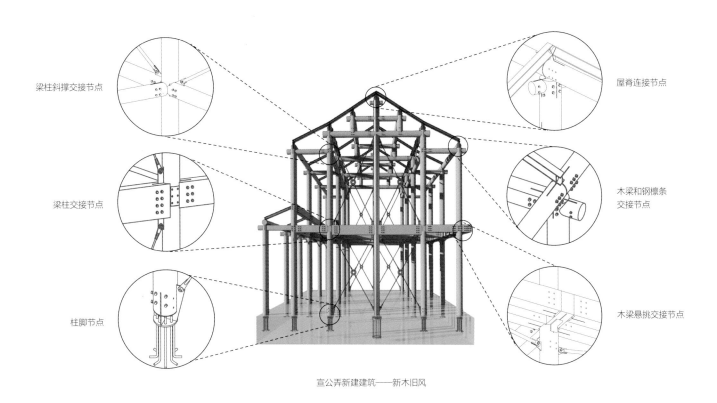

梁柱斜撑交接节点

梁柱交接节点

柱脚节点

屋脊连接节点

木梁和钢檩条
交接节点

木梁悬挑交接节点

宣公弄新建建筑——新木旧风

宝庆路 20 号 1、2、3、4 号楼优秀历史建筑装修修缮工程

Renovation Project of Excellent Historical Building 1#2#3#4#, No.20 Baoqing Road

宝庆路 20 号东临宝庆路，与复旦大学附属耳鼻喉科医院相对；南临桃江路，面对多层住宅及花园洋房；用地北侧为洋房住宅，现状底层沿街多改为商铺；用地西侧毗邻中山幼儿园和徐汇艺术馆。项目位于衡山路—复兴路历史文化风貌保护区内，属于上海市徐汇区天平路街道。园区总占地面积约为9000m²，内部一共有 11 幢建筑，改造之前均为上海轻工业研究所使用，其中 1—4 号楼为上海市优秀历史保护建筑，其他为一般类建筑。

2017 年光明集团启动对整个历史园区的改造，以"打造具备完整历史风貌和绿化景观，满足现代化企业总部使用要求，充分展现光明集团企业文化与海派文化相结合的总部办公园区"为愿景，提出"历史建筑与环境保护优先，立足于人性化办公环境塑造，运用现代化建筑技术手段，满足基本功能需求"的设计总策略。针对历史保护建筑以及不同时期加建的其它建筑进行整体梳理，提出整治拆除—保护性修缮—保留改造的三级策略，将宝庆路 20 号打造成为一个体现现代民族企业形象的历史风貌保护园区。

对页：轴测图

整治拆除：对园区内违章搭建、已无使用价值、与整体园区风貌不协调的建筑予以拆除。
保护修缮：宝庆路 20 号园区内的 4 幢优秀历史保护建筑的外立面修缮，建筑内部格局恢复至历史原有格局，对局部部位进行结构加固，室内整体装修，包括特色重点保护部位的修缮。
保留改造：对园区内其他尚有使用价值的建筑进行改造，使其内部空间符合使用需求，外部空间与历史风貌相协调。

本页，上：1 号楼东南角；下：从 2 号楼前看中央景观

在对 1—4 号楼 4 栋优秀历史保护建筑进行历史沿革研究、现存状况调查和历史价值评估的基础上，制定出详细的平面、立面以及室内空间、装饰装修的修复性保护措施，并将新的功能要求融入其中，形成本项目总部办公建筑的主体。

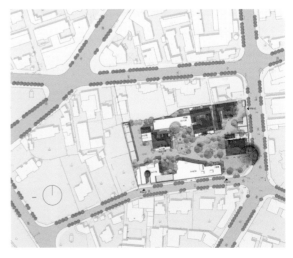

总平面图

本页，上：3 号楼正立面；下：4 号楼侧面透视

运用先进的建造工艺和技术，力求与传统建筑和自然环境和谐统一。

1 号楼南立面图

2 号楼南立面图

沿街面采用清水混凝土加透射率较高的玻璃幕墙，力图追求一种材质虚实的强烈对比效果。
改造后拟作为光明集团办公、会议及食堂。

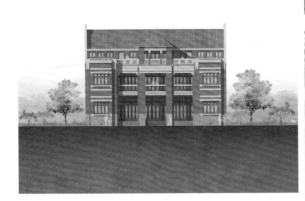

3 号楼南立面图

4 号楼南立面图

本页，上：改造后的 2 号楼东立面细部

下：7 号楼改造后

7 号楼位于桃江路，沿街改造前为对外经营商铺，
设计保留其结构框架，对外立面进行重新设计。
沿街面采用清水混凝土加透射率较高的玻璃幕
墙，力图追求一种材质虚实的强烈对比效果。
改造后拟作为光明集团办公、会议及食堂。

上海音乐厅修缮工程
Shanghai Concert Hall Renovation Project

上海音乐厅于 2019 年展开修缮工程。修缮部位"修旧如旧"，坚持最小干预，不改变文物原状，保持其原式样、原结构、原材料、原工艺和原室内乐演出形式定位，以"保护为主、修复第一、合理利用、加强管理"的文物保护原则为指导思想，以修复文物保护建筑的原貌、提升老演奏厅安全的合规性为主要修缮方向。

非文保区域根据功能定位整体提升观演空间的声学以及舞台演出效果，更新区域"重新装饰装修"，重新梳理空间流线、优化消防，整合多功能厅、辅助用房、地下室的功能布局，以提升演出及配套的专业性、空间使用的有效合理性为主要更新方向，

所有保护修缮、更新工作的核心，就是为了让这座 90 岁的上海音乐厅焕发出新的生命力，留住城市记忆，提升场馆服务品质与文化内涵，营造良好的高雅艺术欣赏环境。

基地位置 上海市黄浦区　　**设计时间** 2019 年　　**建成时间** 2020 年　　**基地面积** 3,963m²　　**建筑面积** 12,986m²

对页：整体鸟瞰

本页，上：东北角外观

音乐厅北立面、东北立面为文物重点特色保护部位，各部位构成元素丰富，有泰山砖、花岗岩、古典木门窗等，特色部位修缮时，既要保护和延续价值特征，又要保留建筑原有风貌。

下：大观众厅

观众厅的纸筋灰顶棚为文物重点特色保护部位，特色部位修缮时，既要保护和延续价值特征，又要满足音乐厅演出使用需求。

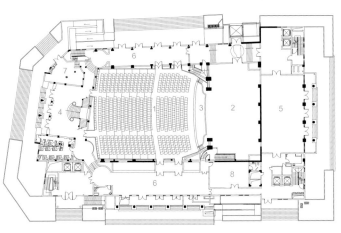

1. 音乐厅大厅
2. 舞台
3. 升降乐池
4. 入口大厅
5. 南厅
6. 观众休息区
7. 售票厅
8. 贵宾室

一层平面图

梅林正广和大楼改造工程

Building Renovation of Shanghai Maling Aquarius Co.,Ltd

上海梅林正广和股份有限公司是中国第一个汽水类的软饮料制造公司。济宁路 18 号建筑最初为正广和汽水厂仓库,1933 年由公和洋行设计承造,1935 年建成。公和洋行是在 20 世纪 20 年代上海公共租界内最重要的设计事务所之一,济宁路 18 号则是为数不多的工业建筑代表作。

济宁路 18 号是上海市优秀历史保护建筑,总建筑面积约 7,137m²,地上六层。2013 年底,建筑整体平移 38m 至临街并进行外立面修复。2017 年,本次设计对建筑内部进行提升改造,用作梅林正广和总部办公。通过设计改造,将建筑的使用主体从"货"存放变更为"人"办公。改造以使用主体由物转化为人为线索,从如下三个方面采取相应的改造措施。

空间形式上,置入 2—6 层通高的中庭空间及中庭楼梯(保留原始结构加腋梁);平面布局上,根据私密性等级从底层至高层依次为展览和接待、休闲餐饮及办公;材料颜色上,裸露的原始混凝土与新置入的金属、马赛克、定制编织地毯、定制墙面画的新旧对比。

基地位置 上海市杨浦区　　设计时间 2017 年　　建成时间 2019 年　　基地面积 7,763m²　　建筑面积 7,137m²

对页：整体鸟瞰

梅林正广和大楼为钢筋混凝土框架结构，房屋建成后原作为汽水仓库使用。该建筑长 43.78m，宽 30.18m，为简洁的现代主义风格，墙面为红砖清水墙，混凝土露明框架横竖线条构图。

本页，上：大楼主入口

在建筑首层主入口处增设雨篷，可以遮挡雨水和保护外立面不受雨水侵蚀。通过对历史图纸的研读，可知建筑原始设有雨篷，但因史料缺失，无法按原样修复。新增设雨篷材质为工字钢和玻璃，尽量与正广和大楼工业历史建筑风格相符。

下：一层接待大厅

功能布置的原则按照使用者活动开放性由一层至顶层依次设置，一层设置接待展览以及大会议室。建筑材质的运用上，在公共区域的地面采用石材或水磨石地面。

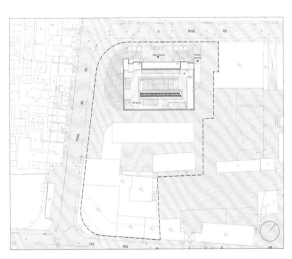

总平面图

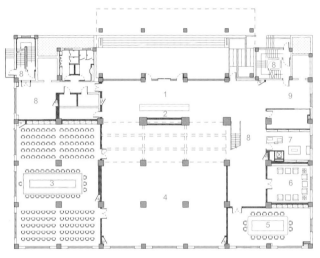

一层平面图

1. 进厅
2. 前台
3. 服务间
4. 电气机房
5. 卫生间
6. 180 人会议室
7. 展览、展示
8. 会议室
9. 贵宾室
10. 零售室
11. 新风机房
12. 楼梯
13. 前厅

对页：中庭空间

在拆除中庭的过程中，设计特意保留了原始的主次梁及其工业仓储建筑特有的加腋，并在拆除后，剥去后加的涂料层，将混凝土及骨料粗扩暴露在视线中，与其他区域细腻的材质及明快色彩形成强烈对比，让人无法忽视。与此同时，在中庭的四个内立面上透空或设置落地窗，最大程度提高了采光效果，也创造了在建筑内部不同楼层之间对视的可能性。

本页，左：中庭楼梯

在原有建筑垂直交通的基础上，在中庭处加设一部楼梯，增加垂直方向之间的联系，并且在每一办公自然层都提供了一跨休闲洽谈场所。

右：餐厅及咖啡厅

近人尺度的材质运用、空间变化以及色彩选择，能够给场所中的人带来感官上的刺激及舒适感，也给不同的使用场景烘托氛围，提供一个人性化的活动场所。

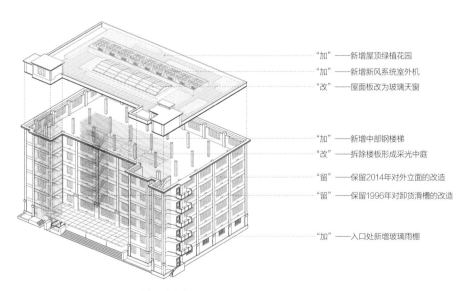

"加"——新增屋顶绿植花园
"加"——新增新风系统室外机
"改"——屋面板改为玻璃天窗

"加"——新增中部钢楼梯
"改"——拆除楼板形成采光中庭
"留"——保留2014年对外立面的改造
"留"——保留1996年对卸货滑槽的改造

"加"——入口处新增玻璃雨棚

改造设计轴测图

绿之丘：上海杨浦区杨树浦路 1500 号改造

Green Hill: The Renovation of No.1500, Yangshupu Road, Yangpu District, Shanghai

　　绿之丘位于 5.5km 长杨浦滨江南段公共空间贯通带上，曾是一座高 30m、宽 40m、长近 100m 的方正敦实体量，横亘在杨浦滨江边，离水岸只有十来米，对滨江岸线造成巨大的压迫，也阻隔了城市到江岸的联系。由于城市道路规划原因，作为原上海烟草公司机修仓库的旧建筑本应被拆除，如今由于建筑师的智慧和推动力成为了一座集城市公共交通、公园绿地、公共服务于一身、被绿色植被覆盖、连通城市与江岸的综合体。它在多个层面上具有实验性：通过打破建筑底层中间两跨，让规划道路得以下穿，突破了传统的土地使用模式，使老厂房得以保留；通过在建筑北部搭建坡道，与建筑相衔接，形成了从城市腹地到滨江的漫游路径，打破了城市与江岸的阻隔；通过切削建筑的南北方向体块，形成台地花园，减弱建筑庞大体量对江岸和城市的压迫感，从而在物理上打开一个城市场所，使生活在其中的人们获得更加复杂与丰富的经历，获得更多开放的、意料之外的机会。

基地位置　上海市杨浦区　　设计时间　2016 年　　建成时间　2019 年　　基地面积　13,700m²　　建筑面积　17,500m²

形体生成分析图

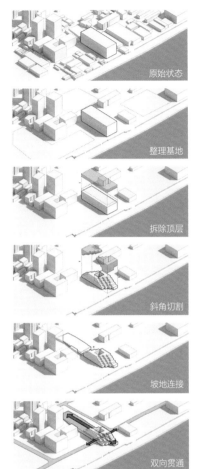

原始状态

整理基地

拆除顶层

斜角切割

坡地连接

双向贯通

对页：沿江鸟瞰

设计将建筑的六层整体拆除，面向西南方向做斜向切削，削弱建筑对滨水空间的影响，形成台地式景观平台，在面向城市的东北方向也进行了一次斜向切削，形成引导城市空间向滨水延伸的态势。人们由杨树浦路的缓坡上到建筑二层，漫游至滨江，形成一个活跃的间层空间。

本页，上：顶视鸟瞰

从顶视图来看，建筑消融于周边的公园绿地中，从杨树浦路蜿蜒而上的草坡、建筑切削出来的台地式平台以及屋顶花园都遍布绿植，建筑的外立面也裹覆着垂直绿化，这是一座立体的上下通透的城市公园。

下：北侧草坡衔接建筑二层公共空间

利用现状中北侧规划绿地延伸城市一侧的退台，形成缓坡，接入城市，在坡上覆土种植，建设公园，在坡下布置停车和其他基础服务设施，让人能够在不知不觉中从城市漫步到江岸。整座建筑的上半部分同样覆盖着绿植，通过悬挑的楼梯和坡地与江岸连接，使得整个建筑犹如一座巨大的绿桥。

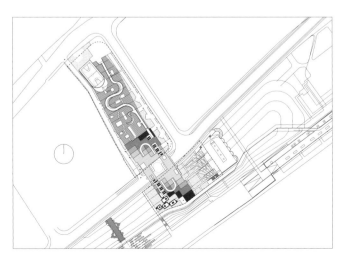

总平面图

对页：切削出来的立面形体及与绿化结合的栏杆设计

在栏杆的设计上考虑了防护、截排水、植物攀爬的需求，于楼板外沿预留种植花池与截排水沟，于种植池之上将交错的金属立杆组合排布，在满足栏杆扶手需求的基础上为植物攀爬提供依托，将整个建筑的栏杆系统也整合进建筑的垂直绿化体系之中，创造了一种集栏杆、植物攀爬架、植物种植池、截排水沟于一体的构造体系。

本页，左上：中庭双螺旋楼梯

设计将功能空间进行细分，置入绿之丘层间，形成"绿丘中的小房子"。同时，为了将天光引入内部，一改现状大板楼的幽暗，在建筑的中心、下穿城市道路的上方置入中庭，其中的双螺旋楼梯也起到了沟通各层的作用。整座建筑通过城市道路、坡道、楼梯、双螺旋中庭等多种交通空间在不同高度、不同方向上与城市和江岸进行连接。

右上：机动车道穿越建筑底层

绿之丘原先是上海烟草公司机修仓库，是一座建于 1996 年的 6 层钢筋混凝土厂房，由于规划道路安浦路横切过建筑而面临拆除的命运。设计巧妙利用建筑一层层高 7m、柱跨净距超过 4m 的条件，使得道路下穿成为可能，既保留了建筑，又突破了用地权属的单一，实现了使用权的垂直划分。

下：建筑改造前后立面

设计将原有工业建筑阻碍视线的高墙高窗整体拆除，将内部的活动、植物的生长同外部的环境重新链接，将曾经封闭的多层仓库改造成阳光、雨露、微风能向内渗透的生态本底。

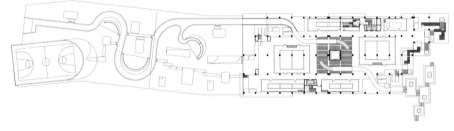

二层平面图

剖面图

宁波院士中心
Ningbo Academician Center

宁波院士中心位于浙江省宁波市东钱湖畔，背山面湖。项目原址为宁波师范学院，建于 1960 年。场地景观环境卓越，文化底蕴深厚。

在"创智钱湖"的区域规划背景下，两栋六层砖混结构教学主楼被改造成为院士团队的工作、科研和会议中心；场地中原有的附属建筑被拆除后置换为配套的访客中心和陶公讲堂。各栋建筑通过全天候架空连廊串联。

项目保留场地原有的"自然—场地—村庄"关系，并强化场所记忆，通过提取、强化、置换、串联等手法激活和赋能已经被"遗弃"的场地和建筑。设计保留并修缮强化了大部分主体结构，仅拆除风化破损严重的顶层，并置入新的空间和结构以适应大空间会议、办公需要。原有建筑的预制拱形楼板形式被提取、放大，成为贯穿项目的重要元素。

基地位置 浙江省宁波市　设计时间 2019—2020 年　建成时间 2020 年　基地面积 35,046m²　建筑面积 24,055m²

形体生成分析图

建筑现状

立面清理

顶部拆除

结构加建

幕墙围护

内部空间

对页：整体鸟瞰

项目选址于宁波师范学院旧址，包括东西两栋教学楼、食堂和宿舍用房。场地整体空间结构自北向南，顺山势而下，形成山景、校区、村落、水域；空间肌理呈现为东西向绕山带状展开、南北向放射发散；空间形态表现为自然生长的组团群落。

本页，上：西楼村景

群落式分布的旧址物质空间资产既是集体记忆的物质载体，也是再利用发展的既有资源。教育文化设施与自然山水、乡村聚落和谐共生的整体空间结构是兼具史地维度的文化地景，这也许正是场址的原型本体。

下：东楼掩映在自然之中

设计保留了一至三层原始结构，并进行加固改造，将原始建筑中风化破损严重的顶层拆除，新建四、五层并加建端部景观楼电梯，新旧空间与形体通过格局和韵律的对话让建筑重生。

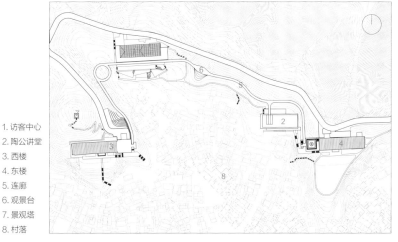

1. 访客中心
2. 陶公讲堂
3. 西楼
4. 东楼
5. 连廊
6. 观景台
7. 景观塔
8. 村落

总平面图

1. 门厅
2. 咖啡厅
3. 展厅
4. 卫生间
5. 办公室
6. 会议室
7. 洽谈室
8. 休息 / 共享厅
9. 理疗室
10. 茶水间
11. 客房
12. 布草间
13. 机房

东楼三层平面图

本页，上：连廊串联起各栋建筑

架空廊桥既是建筑群的连接纽带，也是院士休闲健身、游客观光参观、智慧城市互动体验的特殊场所，提供了一系列网红打卡点。照明设计是智慧建构的重要体现，通过"场景响应 + 生物调节 + 智能适应"的人本科技打造具有环境互动性和能控主动性的灯光系统，让院士中心富有表情和温度。

下：办公空间

旧址建于 20 世纪 60 年代，全部采用了预制肋拱混凝土楼板，具有极强的时代特征和秩序韵律。设计突出连续拱形作为空间围合和结构原则的形式母题，新建部分通过全新的混凝土连续拱形顶部结构和弧形立面玻璃幕墙打造独特的室内空间效果。

对页，上：西楼和观光塔；左下：访客中心；右下：陶公讲堂和连廊

设计依循新的社会身份进行空间再造，通过对建筑环境特征的转译，重写了整个空间序列。依照原食堂与村落建筑同构的坡顶形体和旧址空间格局新建访客中心；保留原宿舍背山面村的地景互动关系新建大师讲堂；还原老水塔空间地标属性新建等体量观景塔；在原林间小径路线上新建架空廊桥，延续山林路径的生态纽带属性。

东楼南立面图

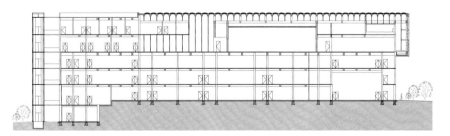

东楼剖面图

汨罗屈原博物馆一期：屈子书院

Qu Yuan Museum (Phase I): the Quzi Academy

湖南省汨罗市的屈子书院历史上曾是今国家重点文物保护单位屈子祠的组成部分，初建于宋，故址在今汨罗城北。书院选址位于汨罗市北郊的屈子文化园西北，处在屈子祠保护区东北建控地带的丘陵——玉笥山上。建筑群采用典型的江右书院多进四合院空间布局，由中、东、西并列的三路院落构成，涵盖博览、讲座、研讨、书画、观演等功能空间。

书院形态设计摒弃了对某个朝代古建筑的风格仿古，特别着意于楚风原型意象与湖湘风土特征的表达，如偶数开间、东西阶、中柱、跌落式屋顶等典型特征。结构采用穿斗式木构，同时加入湖湘风土的穿枋挑檐、悬山侧披等传统做法，与屈子祠的清代风格及文物环境既基因与共，又和而不同。

屈子书院设计拓展了与古为新的探索方向，即以批判性诠释传统，将实存、史实和想象融为一体，为文物保护建控地带的建筑创作提供了新途径。

基地位置 湖南省汨罗市　设计时间 2010—2016 年　建成时间 2018 年　基地面积 48,481m²　建筑面积 4,355m²

对页：整体鸟瞰

新建的屈子书院以纪念屈原为主，兼及宋玉、贾谊、刘向、司马迁、东方朔、王褒、王逸等与《楚辞》相关的著名历史人物，及后世湖湘文化的典型人物及其作品，并整合博览、纪念、收藏、研究、教育、观赏、交流等功能，形成屈原与《楚辞》文化纪念、展示与研究的基地。

本页，上：沅湘堂北侧外景

从建筑的北立面，可以更直观地看到其独特的屋顶形式、台阶和栏杆，窗户格栅和装饰的设计也有历史图像的来源。中柱是沅湘堂的主要特色之一。它起源于古代建筑崇拜，与中国传统的多檐屋盖不同，落顶更接近古代建筑图景，是一种基于研究的创新。

下：沅湘堂室内

穿斗式结构在室内完全露明，所有的构件交接一目了然，室内重点装饰按上古强调纵向空间轴线的习俗，在各间构架下放置战国楚地花卉母题的挂落。建筑的承重构件为黑褐色，装饰构件则为红褐色，以表达《楚辞》的构件着色类别。

1. 南入口
2. 牌坊
3. 大门
4. 求索堂
5. 沅湘堂
6. 独醒楼
7. 太史厅
8. 清冽堂
9. 悲秋阁
10. 沧浪台
11. 阆风厅
12. 椒兰堂
13. 后勤

总平面图

汨罗屈原博物馆二期：楚辞文化交流中心

Qu Yuan Museum (Phase II): the Chu Ci Culture Centre

汨罗屈原博物馆二期工程位于屈子书院东北 200m 处的一座山丘上。设计顺应丘陵地形灵活多变地形成空间布局，主要包括：① 楚辞堂：由中央多功能厅、环廊、二层展廊等构成；② 展馆东区：由东展厅、东庭、报告厅、研习室、馆藏室等构成；③ 展馆西区：由接待厅、餐厅、西庭、办公空间等构成。

与一期的屈子书院不同，二期工程以现代简素形态诠释传统湖湘风土的设计创意，包括以水平的顶面、连续等高的门窗上缘线和竖向收分的建筑边际线，类比屈子流放地平坦的冈阜地貌和屈子名"平"字"原"的寓意。整个建筑群簇拥着作为构图中心的楚辞堂，以此主体建筑的形貌，隐喻屈子博雅的身份和"楚颂"缭绕的宫廷。该建筑设计是"古韵新风"设计理念和手法的重点体现。

基地位置 湖南省汨罗市　　设计时间 2010—2018 年　　建成时间 2022 年　　基地面积 55,876m²　　建筑面积 11,445m²

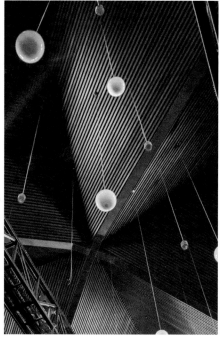

对页：鸟瞰

如何塑造楚辞堂，成为设计的焦点和挑战，而以建筑上部处理首当其冲。因而屋顶从双向的前后坡到四维的十字脊，从安分的水平脊到桀骜的斜翘脊；屋面从上窄下宽的通常做法到上宽下窄的"长脊短檐"；门窗从排列有序的惯例到饕餮狰厉的联想，都运用了类比的设计手法。

本页，上：南立面外景；左下：从屈子书院看楚辞文化中心；右下：楚辞堂内景

主体建筑楚辞堂的钢结构歇山十字脊、钢—玻璃博风以及两翼研习空间和餐饮空间的叠套式悬山顶等造型，与斜龛高窗的现代空间实体相互穿插、交融，均是"古韵新风"设计理念和手法的重点体现。

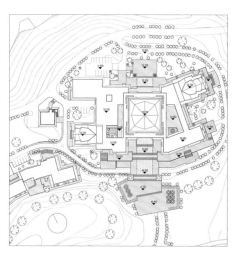

总平面图

海口骑楼街区再生工程

Regeneration of the Qilou Historic District in Haikou

海口骑楼街区建于20世纪20—30年代，源于南洋地区19世纪末产生的"五尺街"骑廊和地方化"巴洛克"饰面的商住街区，面积68hm²，是中国现存面积最大、保存最完整的骑楼街区。1992年夏，常青院士率同济建筑系实习学生赴海口测绘骑楼老街，做了风貌保护专题研究。2010年夏，他再次受邀率团队二赴海口，对中山路、博爱北路、新华北路等骑楼街区进行了系统梳理和保护规划，6年间先后完成了街廊和街景整治设计，以及重点建筑修缮设计，提升了街区的整体环境品质和生活条件；通过对典型民俗空间的内部整饬、复原及翻建激活历史空间记忆，延续原有社群结构和消费层次，从而实现了街区可持续的活化发展。其中，在中山路恢复了巴洛克街廊一楼一色的历史风貌，特别受到各界关注，并成为海口市2017年春晚舞台。此外，设计团队还对骑楼街区北缘破败不堪、鱼龙混杂的长堤路段进行了存真续新的有机更新设计，保留所有老骑楼，拆除低质建造物；摒弃与街区历史骑楼比肩争锋的仿古骑楼选项，精心设计有时代感的新骑楼，通过原型分析，提炼骑廊、山花风洞等要素，尝试塑造街区长堤路段内外新旧共生、和而不同的"骑楼外滩"独特风貌。

基地位置 海南省海口市　　**设计时间** 2010年　　**建成时间** 2018年　　**基地面积** 37,475m²　　**建筑面积** 83,249m²

对页：骑楼街区鸟瞰

街区的保护与文化复兴相辅相成，整个项目通过融合室内外环境，生动展示了街区丰富的人文内涵和浓郁的生活氛围，提升了社区自豪感。可以说，海口骑楼街区项目为全球活态遗产的保护提供了中国模式。

本页：中山路街景

通过同济大学历史建筑保护技术中心对骑楼面层材料的取样检测分析发现，历史上的骑楼街廊界面，并非如今日所见为清一色的灰白外表，而是在面层材料中加入了彩色矿物颜料，一楼一色，是华侨表达身份和个性差别而形成的彩楼一条街。为此，设计在中山路做了大胆的整旧如故尝试，对这里的骑楼外墙面、外门窗均做了材质和着色处理，尝试恢复了彩楼街廊的历史风貌，成为国内城市修补的一个特殊工程案例。

海口骑楼街区整饬与再生尝试了在商业和观光活力渐渐释放的同时，还激活老街的传统场景氛围和节庆仪式。骑楼老街在对公众的开放中就具有这种活化意识和举措，如巡街民俗、长桌宴等节庆仪式和露天演出活动都在老街中一一得到再现。至此，海口骑楼老街区正以活态遗产的形式展现于世。

总平面图

衍庆里仓库装修及外立面修缮工程
Renovation and Facade Restoration Project of Yanqingli Warehouse

城市的发展是多元和复杂的，但像衍庆里这样在同一地块内同时包含了老式里弄住宅和工业仓库建筑的混合功能开发模式在当时极为罕见，项目的实施使得衍庆里这一社区恢复原来的优质混合使用功能变得可能。在这里，恢复原建筑固有形态的装修及修缮工作并非难点，而通过对周边环境的整治，特别是连接仓库和里弄内通道的清理疏通使其发挥功用，反而成为本项目实施的重点。设计结合该区域共享共建的城市更新需求，全面整治周边环境，将衍庆里仓库内通道作为重点，恢复其交通功能，同时开放通道两侧部分空间作为公共广场，使其成为居住社区与商业办公的共享空间。衍庆里原有的混合功能因此在新的时代获得新生。

基地位置　上海市黄浦区　　设计时间　2017 年　　建成时间　2018 年　　基地面积　2,498m²　　建筑面积　6,233m²

对页：沿河夜景透视

衍庆里仓库作为上海市里弄住宅风貌保护街坊
中的优秀历史建筑，是 90 年前的房产商根据苏
州河畔这一地块的特征，用居住与仓库混质共
建的方式成就的近代上海房地产混合功能开发
模式的早期样本。

本页：内通道空间

在这个项目中，内通道这个至关重要节点的疏
通是设计的最大意义所在。一方面，对于其混
合使用的原始功能和真实遗存而言，恢复就是
最好的保护；另一方面，功能恢复又恰好满足
了当前城市更新共建共享的使用需求，使得这
一公共空间乃至其周边领域得以再生。可以说，
保护和再生在这个项目上实现了统一。

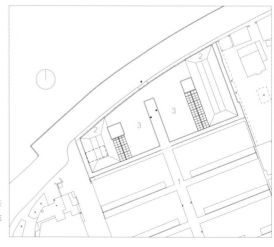

1. 衍庆里总弄
2. 衍庆里仓库
3. 办公

总平面图

上海白玉兰广场二次改造工程
Renovation and Decoration of Sinar Mas Plaza Shanghai

上海白玉兰广场地处上海北外滩黄浦江沿岸地区，位于上海市虹口区东大名路 555 号，东临提篮桥地区，南面与陆家嘴隔江相望，西接外滩，北眺上海音乐谷。

项目在维持及尊重原有建筑形体及风格的同时，以"城市节拍"为概念，用节点的形式为白玉兰广场注入新鲜活力及时尚元素，将原有商业打造升级呈现更年轻融入更多互动与探索元素，就像都市新脉搏一样全天 24h 鲜活地跳动，打造一个耐人寻味的的新一代体验型商业。

基地位置 上海市虹口区　　设计时间 2017—2018 年　　建成时间 2018 年　　基地面积 56,000m²　　建筑面积 420,000m²

对页：沿街人行视角透视

总建面积约达 11.2 万 m²（地下两层至地上三层），拥有全天候室内商场和室外步行街区，四季变幻的大型景观，荟萃多元酷炫风尚商业业态，汇聚国内外时尚潮流盛宾，满足商务、旅游、生活等多种需求，是闪亮浦江两岸的又一商业新旗舰。

本页，上：室内中庭

整体空间上呈流线形，室内商场部分以动感酷炫为主基调，运用氧化铝、玻璃、金属等材料，在采光顶部分通过大型形体构建出不一样的空间体验。

下：室内地下一层

室内地下一层、地下二层部分，除了融合室内外空间，使其相辅相成，还通过各种线性组合，不同朝向，不同形式及材质的不同变化和运营打造空间的潮流时尚感。

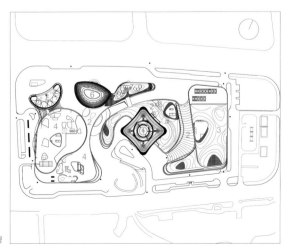

1. 办公塔楼
2. 商业
3. 零售裙房
4. 酒店裙房
5. 酒店塔楼
6. 白玉兰馆
7. 白玉兰馆裙房

总平面图

LANDSCAPE DESIGN
景　　　观　　　设　　　计

深圳茅洲河碧道试点段建设项目

Shenzhen Maozhou River Blueway Section Construction Project

　　深圳茅洲河碧道试点段位于茅洲河中上游，是广东省第一批省级碧道试点，是深圳经济特区建立 40 周年的献礼项目，也是深圳市落实习近平总书记"两山"理论的最佳实践平台。建设范围从塘下涌至周家大道，全长约 12.9km，其中宝安段约 6.1km，光明段约 6.8km。

　　设计践行"碧一江春水，道两岸风华"的碧道愿景，以及"治水治产治城"三维共治、"生产生活生态"三生共融的建设理念，以生态为底，碧水为魂，建设以保障水安全，治理水环境，修复水生态，提升水景观，缝合与组织两岸功能体系和产业空间，建设"安全、生态、休闲、文化、产业"五道合一的高品质滨水空间，打造"河湖 + 产业 + 城市"协调发展新模式和样板区。

基地位置 广东省深圳市　　**设计时间** 2019 年　　**建成时间** 2020 年　　**基地面积** 837,400m²

对页：宝安段总体鸟瞰

宝安段全长约6.1km，在现状燕罗湿地的基础上，以安全为前提，以生态为基底，以龙门湿地公园、啤酒花园、洋涌河水闸、茅洲河展示馆、亲水活力公园、碧道之环、燕罗体育公园7个主要节点为核心亮点，构筑山水相依，城水相融，两岸共生的城市滨水空间，打造茅洲河流域最具人气与活力的碧道客厅。

本页，上：光明段总体鸟瞰

光明段全长约6.8km，建设内容包含李松蓢街区、南光高速桥下公园、西田休闲公园、左岸科技公园、滨海明珠、大围沙河工业园6个主要节点。以近自然的手法对茅洲河进行生态修复，为动物营造河道内丰富生境的栖息地，为民众创造出多样化的亲水空间，打造人与动植物和谐共处的都市生命河流修复样板。

下：龙门湿地公园鸟瞰

场地以生态自然为原则，营造具有郊野气息的湿地景观，曲折的栈道穿梭在雨水花园与滩涂之间，相互渗透。保留场地的特色元素龙门塔架，利用其悬吊能力结合驿站功能，形成别具特色的门户标志。悬吊的驿站飘浮于湿地之上，掩映在密林中，以一种轻介入的方式最小限度干预湿地生态，形成工业记忆、生态景观和休憩活动的复合共生。

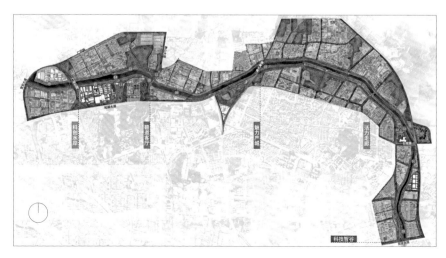

总平面图

深圳茅洲河碧道燕罗体育公园
Yanluo Sports Park of Shenzhen Maozhou River Blueway Project

燕罗体育公园位于广东省深圳市茅洲河某段河道拐弯处临水的一片三角地，由于处于工业城市组织的边缘而成为了一片建筑垃圾堆场，被工业厂区和宿舍区包围，是北侧社区遗忘的角落，原本被设定改造成一个湿地公园外加集中而又单一的体育设施。设计推翻了这一孤立的模式，转而采用一种叠合交错的布局，以隆起的步道围合出一池池洼地，在这些洼地中布置广场、运动场地、休憩咖啡、运动驿站、生态湿地、停车场等不同功能，并用游廊串起主要的行走路径，提供遮阳避雨的空间，打破了孤立建筑物矗立于场地的单一关系，在复写这一地区山脉与河流斑块状景观的同时，使城市功能与场地发生更为密切的联络，兼具雨洪调蓄的生态作用。交叠的网格向城市方向延伸，提供了广场、停车场等服务性设施；向河道方向延伸，将湿地纳入整个场地，与箱涵堤岸的悬挑平台、石笼花箱相结合，形成了富有亲和力的滨水空间，也使得整个公园成为了一座绿色综合体。

基地位置 广东省深圳市　设计时间 2020 年　建成时间 2021 年　基地面积 46,000m²　建筑面积 1,460m²

形体生成分析图 ————————

并置的功能需求
（生态湿地＋休息驿站＋运动场地）

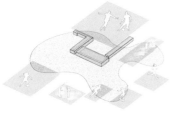

叠合交错的布局模式
（功能复合、景观渗透、路径弥散）

池畔垄行（垄起的步道围合出一池池洼地，漂浮在弥漫的水面上）

垄上行径（游廊串起主要行进路径，提供遮阳避雨的空间）

对页：与湿地交织的体育公园

场地的北侧呈现为由山体和堤顶路限定的下凹状态，西侧则因为垃圾的堆放形成了断续隆起于地面的土坡。设计就势重塑地形，形成垄作为穿越场地的游廊的骨架，对于顺势形成的凹洼地则根据不同标高和尺度规模嵌入不同的城市功能，兼具多级蓄滞的生态功能，与分开田亩的田垄和漂浮于静态水域的浮萍相似，成为燕罗体育公园这一绿色综合体的场地形式特征。

本页：连续的廊桥及两侧活动场

体育公园总给人以跑道围绕着的若干零散设施用房的单一形象，燕罗体育公园通过对活动场地地形的把握，打破了这一固定类型，形成一种纵横交错的布局，以垄作为穿越场地的游廊的骨架，对于顺势形成的凹洼地则根据不同标高情况和尺度规模嵌入不同的城市功能，为体育公园领域作出类型学贡献，兼具复合的生态功能。

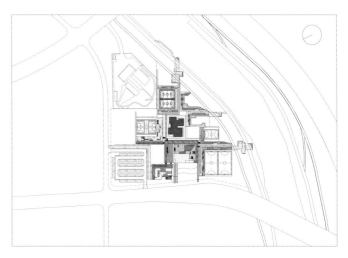

总平面图

杨浦滨江公共空间示范段
Yangpu Riverside Public Space

黄浦江是上海的母亲河，曾经由于水运通达便捷聚集了大量的工厂，成为当时重要的生产岸线。然而随着城市发展与产业转型，沿河两岸的空间将从生产岸线转变为生活岸线，原来封闭的滨水空间也将打通断点转变成为开放的公共空间，形成连续的带状公共空间。这是一项"功在当下、利在千秋"的重大工程，将彻底改变上海的城市公共开放空间的格局。

杨浦滨江段是黄浦江历史上工厂开设最早、最密集的区域，是上海乃至中国工业的发祥地，曾被联合国教科文组织专家称为"世界仅存的最大滨江工业带"。沿江具有大量工业文化遗产，其中一些工厂和基础设施（如杨树浦水厂）历经百年，仍在运转。

杨浦滨江公共空间示范段是杨浦滨江公共空间的启动段，为杨浦滨江公共空间的建设乃至整个45km黄浦江两岸贯通工程都起了重要的示范作用，提供了有效的借鉴意义。

基地位置 上海市杨浦区 　**设计时间** 2015年 　**建成时间** 2016年 　**基地面积** 38,000m²

对页：杨树浦水厂栈桥鸟瞰

由于生产的需求，坐落在杨浦滨江边上的杨树浦水厂难以分隔出沿江的公共空间，长达550m的水厂围墙成为在贯通工程中最长的断点。设计以抽象的趸船为结构原型，以温润的木材作为桥面，轻盈地架在拦污网的结构柱上。分析利用基础设施的结构，中和基础设施和人体本身巨大的尺度差异，挖掘基础设施遗存的保护内涵，展示基础设施生产工艺流程，有效组织空间和活动，明确并表达了基础设施美学价值。

本页，上：水厂栈桥和保留的靠船墩

新建的建筑和原有的场地应该是重叠和互相作用的关系，他们共同构成了原真的历史，因此建筑师坚持将沿防汛墙散布的巨大的混凝土靠船墩保留并整合到栈桥的设计中，栈桥通过这些靠船墩"锚固"到场地上。行进间人们可以从不同角度来观察带有历史痕迹的混凝土靠船墩，遥想往日的工业盛景，巨大的混凝土基础设施与轻盈温润的栈桥产生了戏剧性的对比，增加了基础设施尺度对游人的震撼。

下：同水厂建筑相结合的坡道

设计利用水中基础设施的结构作为栈桥的结构基础，实现了断点的贯通。同时将仍在运转的基础设施纳入景观设计的范畴，让人们可以欣赏到原来难得一见的角度和景象，也为景观设计和公共活动增添新的内涵。

总平面图

本页，上：1、2号码头间搭建的钢栈桥

在1、2号码头之间存在七八米的断裂带，设计采取搭建钢栈桥的方式解决连通问题。断面呈U形的钢栈桥结构外露，形成格构状的桥身外观。透过底板局部透空的格栅网板能看到高桩码头粗壮的混凝土桩柱插入河床的状态，能观察到桥下黄埔江水的涨落变化，还能清晰地听到江水通过原先的夹缝拍打防汛墙的回响。

下：夏日傍晚纳凉的周边居民

饭后到江边活动成了每天生活不可或缺的一部分，贯通工程给周边市民的生活带了了巨大的改变，自从公共空间贯通，有很多人几乎天天都到江边活动，他们说："我们对这里已经产生了感情，饭后来江边散步成了每天生活的一部分。"

对页：雨水湿地、钢结构栈桥和历史建筑

在雨水湿地中新建的钢结构廊桥体系轻盈地穿梭在池杉林之中，连接各个方向的路径，同时结合露台、凉亭、展示等功能形成悬置于湿地之上的多功能景观小品。不同长度的圆形的钢管形成自由的高低跳跃的状态，圆形的钢梁随之呈对角布置，有意与钢板铺就的主路径脱离开来。

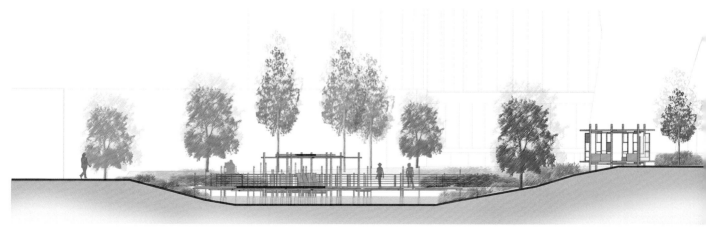

剖面图

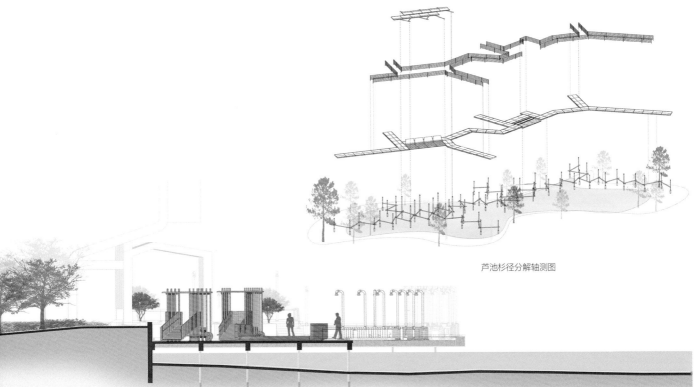

芦池杉径分解轴测图

杨树浦电厂遗迹公园
Yangshupu Power Plant Relics Park

2015 年，杨树浦电厂关停，作为曾经见证了上海近代化历程的远东第一火力发电厂黯然退出历史舞台。2019 年，作为黄浦江核心区 45km 岸线开放空间上的重要节点，杨树浦电厂以遗迹公园的身份再次被唤醒，一改以往推倒重来的模式，以"向史而新、原真叠合"的理念实现了有机更新，使工业遗存有尊严地融入日常生活。通过① 从污染严重的火力发电厂到生态共享的滨水岸线；② 从"闲人免入"的生产岸线到开放共享的生活岸线；③ "向史而新"：叠合原真的遗迹公园；④ 原生态的适应性城市地景再生共四项设计策略，形成了有时间厚度的高品质的城市公共空间，成为了中国史无前例的热电厂转型示范工程。

基地位置 上海市杨浦区　　**设计时间** 2015 年　　**建成时间** 2019 年　　**基地面积** 36,000m²　　**建筑面积** 770m²

灰仓艺术馆短剖面 ————

对页：遗迹公园及电厂整体鸟瞰

杨树浦电厂遗迹公园前身为建于 1913 年的杨树
浦发电厂。这座曾经的远东第一火力发电厂虽
然在上海的城市发展中扮演了重要的角色，但
也因为大量燃煤而造成空气污染，危及生态环
境。2015 年，伴随着整个黄浦江公共空间工程
计划的启动，电厂关停，开始实施生态和艺术
改造。

本页，上：场地整体俯视

电厂段的工业遗构整饬始于对工业遗存价值的
认定。公共空间的营造在理解原先工艺流程的
基础上展开：高 105m 的烟囱，江岸上的鹤嘴
吊、输煤栈桥、传送带、清水池、湿灰储灰罐、
干灰储灰罐等作业设施有着特殊的空间体量和
形式，这些场地遗存提供了塑造场所精神的出
发点。

下：灰仓艺术馆

灰仓艺术馆本是电厂临江的 3 个干灰储灰罐，
通过增设 2 块景观平台，将原先独立的 3 个灰
罐连接成一个统一的整体。立面采用朦胧界面
的处理手法，将原先 15m 通高的封闭灰仓进行
改造。以一种类似插入城市（plug-in）的模式
将 6 个功能未确定的空间连同一组折跑楼梯一
同插入。在艺术品介入后最终形成了艺术讨论
和公共漫游紧密咬合的空间触动模式。

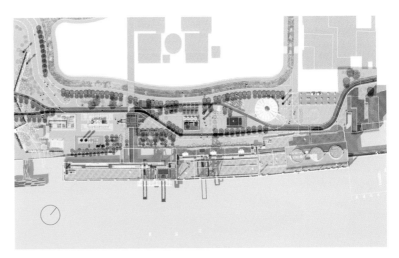

总平面图

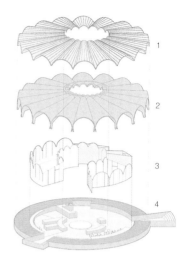

净水池咖啡厅分解轴测图
（1.直立锁边铝合金屋面；2.混凝土壳体；3.超白玻璃幕墙；4.混凝土基座）

本页，上：泵坑艺术空间

泵坑艺术空间原先是电厂中一组用以蓄水的复杂装置。改造首先将储水坑上盖平台拆除，清理储水深坑和管道坑，对其外壁进行清理但保留原先的痕迹，整饬为深坑展览场地，四个锚固盖作为深坑的服务点被置于坑口，形成标识。与灰仓艺术馆一样，艺术家被邀请以深坑的特殊空间为触媒，创作与之密切相关的艺术作品，激发参观者对场所氛围的感知。

下：净水池咖啡厅内庭院

电厂作业中尚有一组储水、净水装置。两个圆形的净水池在拆除上方结构之后留下了基坑。设计保留其中一处基坑作为雨水花园，另一处改为咖啡厅。作为咖啡厅的基坑将之作为形式基础，上盖劈锥拱，以点式细柱落在以同心圆的方式形成的外圈基础上，内部的穹顶在顶部打开，为咖啡厅引入自然光，同时也将后方标志性的烟囱透漏出来。

对页：遗迹花园局部鸟瞰

设计采用有限介入、低冲击开发的策略，在尊重原有厂区空间基础和原生形态的基础上进行生态修复改造。保留了原本的地貌状态，形成可以汇集雨水的低洼湿地和用以净水的雨水花园。植物配植以原生草本植物和耐水乔木池杉为主，同时配以轻介入的钢结构景观构筑物，形成别具原生野趣和工业特色的景观环境。

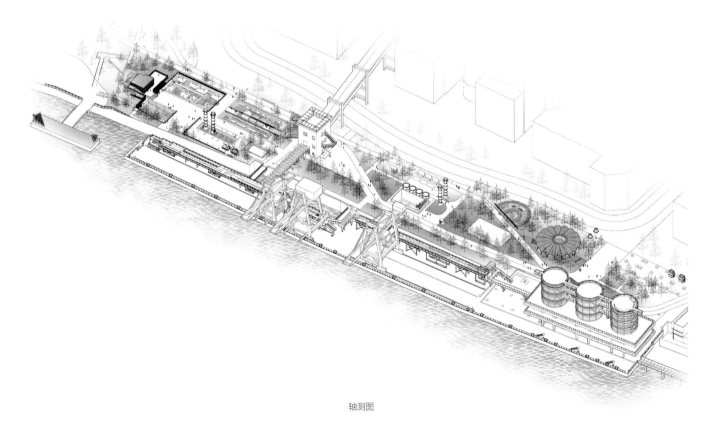

轴测图

第十一届中国（郑州）国际园林博览会 B 区暨双鹤湖中央公园

Shuanghehu Center Park of the 11th China International Garden Expo (Zhengzhou)

双鹤湖片区位于郑州航空港经济综合实验区（郑州新郑综合保税区）南部，由京港澳高速、商登高速辅道、万三公路、炎黄大道围合的区域，共 62.6km²，是实验区产城融合发展的先导区，正处于发展起步阶段。

第十一届中国（郑州）国际园林博览会 B 区规划总占地面积 149.1hm²，其中绿地面积 104.3hm²，水面面积 44.8hm²。双鹤湖中央公园强烈的中轴秩序，结合垂直生长的竖向空间层次，轴线明确，大气疏朗，是一个有机生长的彰显中原特色的城市中央公园。

项目设计灵感源于 1923 年出土于河南新郑李家楼郑公大墓的"莲鹤方壶"，设计以智塬鹤川为主题，缩摹中原地貌，创新演绎莲鹤双湖的大尺度中轴对称式中原园林；以"绿色生态、科技智慧"为目标，利用虚实结合的轴线关系、开放式界面，营造了一个极具"景观都市主义"色彩的现代城市中央公园。

| 基地位置　河南省郑州市 | 设计时间　2014—2017 年 | 建成时间　2017 年 | 基地面积　1,491,000m² | 建筑面积　32,727m² |

对页：公园鸟瞰全貌

双鹤湖中央公园核心打造"水与城""园与丘""花与田"三大互动关系，以市政道路为界，主要分为三大景区——欢乐岛、探索岛、鲜花港，园内设置了二十六大主题特色展园。东西贯穿全园的水系形态，特色演绎了一园双湖的独特景观，南北临水的流线型开放式绿带，双湖双带的景观体系创新诠释了水中有园、园在水中的生态绿色景观。

本页，上：规划展览馆航拍鸟瞰

双鹤湖中央公园建设一期三大景区——欢乐岛（雍州路以西）、探索岛（雍州路至生物科技二街）、鲜花港（生物科技二街至梁州大道）。

下：认知体验园航拍鸟瞰

双鹤湖中央公园区内设置二十六大主题特色园，其中植物主题园16个，景观主题园10个。植物种植传承中原地域文化特色，整个园区植物品种达341种，乡土树种高达90%（306种），形成园区种植主体。

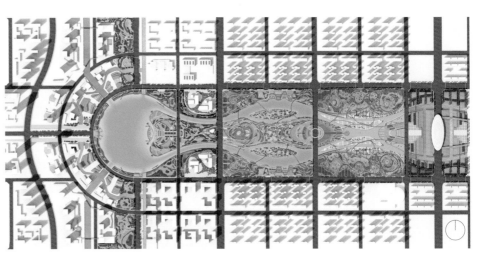

总平面图

黄浦江沿岸新华滨江绿地
Xinhua Waterfront Park of Huangpu River

新华滨江绿地为上海市黄浦江浦东沿岸 21km 贯通其中一段，基地范围西至东方路，南至滨江路，东至民生路，北临黄浦江，全长 1.6km，陆域面积为 11.6hm^2。场地距离陆家嘴仅 2km，与北外滩、自来水科技馆、渔人码头隔江相望，地块优势突出，拥有良好的观赏浦江和对岸景观的视角。设计以"东岸之芯·新华漫步"为主题，贯通滨水线性廊道，注入多元场地功能，衔接滨江元素、老码头记忆与现代都市景观，将原始肌理、工业记忆与现代景观编织成为美不胜收的立体画卷。

基地位置 上海市浦东新区　　**设计时间** 2017 年　　**建成时间** 2018 年　　**基地面积** 116,000m^2　　**建筑面积** 10,210m^2　　**绿地面积** 81,210m^2

对页：新华滨江绿地鸟瞰

卢湾滨江、徐汇滨江、浦东 21km 的黄浦江滨水空间贯通，是上海城市更新的重要举措。新华滨江是浦东段的核心，是浦东 21km 滨江的贯通前奏。

本页，上：夜幕降临时的新华滨江绿地

如何使水岸环境在满足水利条件下更亲水、更生态，更满足市民新的生产生活。设计探讨滨水空间的贯通新生，形成线性廊道，通过恢复生态保留记忆、焕发新生机，使水岸公共空间成为贯穿始终的脉络，还江与民。

下：老工业建筑改造效果

将水岸沿线的老工业建筑、厂房保留改造，挖掘滨江元素恢复老码头记忆，注入新的空间功能，打造展览、购物、阅读观景等一系列现代都市文创游线，成为统领滨江空间的文化景观场所。

总平面图

上海和平公园改建工程
Shanghai Peace Park Reconstruction Project

上海和平公园始建于 1958 年，公园占地面积约 16.34hm²，是上海内环之内最大的综合公园之一。近年来，为匹配周边社区建设水平，满足市民游憩运动需要，和平公园开展了全方位景观改造。

改造结合公园城市"公园＋"理念，秉承"保护生态、因地制宜、整合空间、创新手法"的老公园改造十六字方针，强调"人民城市"中"人民公园"的开放共享性，以步廊和视廊双层渗透，实现城园无界融合。综合改造基础设施，融入科普智慧元素，满足周边社区全年龄段人群需求。修复公园生境，激活水体岸线，传承"江南都会"建筑风格，打造了茗厢扶柳、和鸢宛风、花坊悦音、新港虹影、畅心涟湾、月院曲水、竹桥花溪和枫停晚香和平新八景。

基地位置 上海市虹口区	设计时间 2020 年	建成时间 2023 年	基地面积 163,400m²	建筑面积 11,931m²	绿地面积 82,133m²

对页：鸟瞰全貌

改造修正主园路线型，打造串联园区及出入口的运动环线，梳理局部山水、建筑及绿化空间关系，增强步移景异的视觉变换感。公园利用原有湖泊、防空设施进行海绵调蓄，通过调整景观高程建设行泄通道，灵活调整湖体溢流水位，提高湖体调蓄规模，实现公园作为"城市海绵"的积极效益。

本页，上：大连路新形象入口

畅心园路与大连路交汇处，为公园与城市相融的绿色一隅，此处景以路为名，取"畅心"与"涟"，汇聚成湾。东韵西语，入口建筑"江南都会"，为城市推开一扇水乡丝竹乐之门。光影草坪，不眠水湾，涟漪中盛开一方莫奈式花园，这里是空间与艺术对话的绿洲。

下：生态岛晚香亭

原湖心生态岛，运用景观方式收藏动物生活过的印记。山石叠泉之上，六角亭虚心环抱一株五角枫，唤醒公园记忆深处的"晚香亭"。

1. 新 1 号门	11. 曲桥寻芳
2. 2 号门	12. 和平鸽广场
3. 3 号门	13. 中心草坪
4. 4 号门	14. 园艺市集
5. 生态岛	15. 百花馆
6. 水榭茶室	16. 夜光广场
7. 综合服务中心	17. 观赏温室
8. 码头广场	18. 八角亭
9. 自然乐园	19. 羽毛球场
10. 密岛	

总平面图

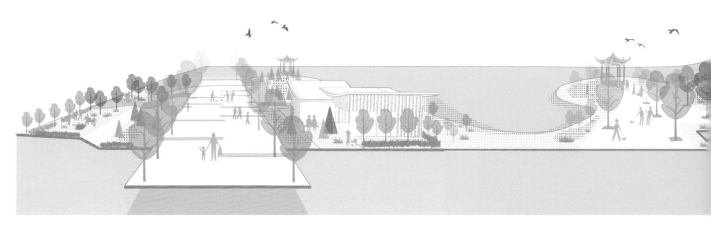

剖面图

对页：生态岛及湖心亭景观

长廊白墙，摇曳红枫、槭树与黄栌树影。春闻莺，夏藏鹂、晚秋染叶，冬霜凝瀑，四时景易，徜徉于阳光花屿。

本页，上：滨水茶室改造

公园第一景，临湖于滨，伴园而生，公园之第一风景名片。此处延续旧貌，修故如故，并拓展室外空间而形成合院茶庭。一帘雨、一窗风、一池柳，雪沫午盏，人间清欢，于茗香中品味岁月静好，与美景一同融入山水造园的诗意之中。

下：新港路街区滨水景观

沿新港路释放公园边界，让水溪成为天然阻隔。街景与湖景相遇于此，行至此处豁然开朗，天光湖影，扶风入怀。远景近水相映成趣，有鸢尾水岸、杉岛、宛亭、石桥之属，写意山水，宛转清风，邀人沉醉林荫画境。

苏州河南岸黄浦区段滨河公共空间（九子公园）改造

Renovation of the Suzhou River's South Bank Waterfront Public Space (Jiuzi Park) in Huangpu District

九子公园是苏州河线性景观中规模较大的公共空间节点，北侧毗邻苏州河，西侧为高架桥，公园以全面开放为特点，与滨江空间融为一体。

九子公园改造以"城市公园开放化"为首要策略，高架桥侧采用地形植被作弱空间限定，北侧设置防汛墙闸门，扩展公园空间至河边，与滨河空间融为一体。改造延续九种弄堂的游戏活动，包括扯铃子、跳筋子、滚轮子、打弹子、掼结子等，根据公园的几何关系将原九子场地串联在主要动线上，配合原游戏雕塑，与公园铺装一体化实施，增强互动性和趣味性。在保留大型乔木和成片竹林的基础上，改造后的公园能够迅速恢复到原有生机勃勃的状态。对原有整形灌木进行梳理，根据九子游戏的剧烈程度不同，采用不同冷暖色调的植被相呼应。清水混凝土折板的手法呼应了"折纸"游戏，空间与结构一体化设计，统合了公园内三组建（构）筑物改造，具有当代性和趣味性。

基地位置 上海市黄浦区　　**设计时间** 2018—2019 年　　**建成时间** 2020 年　　**基地面积** 6,938m²　　**建筑面积** 235m²（纸鸢屋），126m²（亭厕）

对页：整体鸟瞰

公园内有乔木、灌木、草地不同层次搭配的效果，在保留郁郁葱葱的共同记忆的同时，也创造新的景观亮点。打开围墙，以柔性的绿化边界形成弱空间限定，人民沿着苏州河漫步而来，自然就被这一片开阔的场地吸引。

本页，上：公园活动广场

公园活动广场向滨江全面开放，铺地选用多彩琉璃水磨石预制块，不同颜色暗示不同功能：橙色代表主要动线，绿色代表绿化空间，蓝色代表亲水空间，灰色为各种颜色之间的过渡色彩，从而共同形成如"马赛克"般的抽象拼贴画。

下：滨水开放空间

为了实现亲水性，项目设置了二级挡墙，抬高滨河道路，把高高的防汛墙藏在景观道路、绿化下面，称之为二级防汛墙。防汛墙上设置闸门，平时闸门敞开，从公园不知不觉跨过防汛墙，通过几层台地层层近水，漫步至河边。

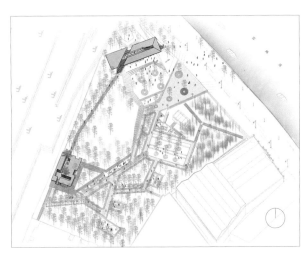

总平面图

纸鸢屋形体生成分析图

以矩形作为折板的基础

在一侧 1/3 处以 45° 弯折

弯折另一侧屋顶使其受力合理

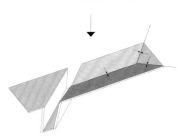

继续弯折屋顶形成楼梯

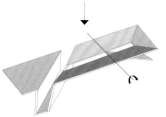

在下部弯折处开口成门

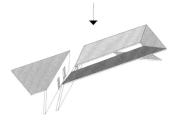

形成建筑形态

纸鸢屋轴测图

纸鸢屋立面图

亭厕形体生成分析图 ————

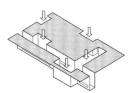
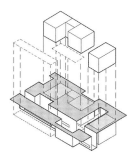

对页：纸鸢屋

设计以折纸为概念，用倾斜折叠清水混凝土折板作为结构，在悬挑折板空间下，由玻璃幕墙围合而成市民的活动休憩空间，把结构和功能结合起来，充分融入绿化景观，奏响了以清水混凝土构成的乐章。

本页：亭厕

设计以折纸的概念折叠出了融灰空间、院落空间、通廊空间于一体的亭子，穿插其间的是厕所和器械租借管理两个银光闪闪的"小盒子"。沿成都路一侧的休憩空间是公园空间向城市空间的一种外化。

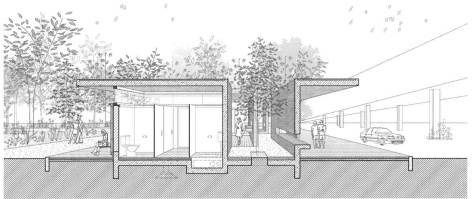

亭厕剖面透视图

MUNICIPAL BRIDGE

市　　　政　　　桥　　　梁

汾东新区通达桥改造工程

Tongda Bridge Renovation Project of Fendong New District

通达桥位于山西省太原市南部综改区核心位置，是跨越汾河两岸连接东西向主干路的一座重要的城市景观桥梁。主桥方案采用拱形独塔四跨自锚式悬索桥，全漂浮体系，目前是山西省第一座独塔自锚式悬索桥，其中主桥桥塔呈空间拱形设计，塔高123.417m，是目前太原市汾河上最高的桥塔。主桥两侧各有一座全互通型立交桥连接南北向的城市主干路。

基地位置　山西省太原市　　设计时间　2018年　　建成时间　2019年　　桥梁规模　主桥跨径416m，主线全长1,802m

对页：桥梁全景

结构上创新性地采用了全漂浮体系、钢—钢混复合型桥塔、顺桥向铅芯橡胶支座＋粘滞阻尼器减隔震体系、横桥向低弹模超高阻尼橡胶支座＋粘滞阻尼器减隔震体系等多种先进、复杂的技术手段，安全且高效的解决了高烈度区桥梁静、动力等一系列问题，保证项目的顺利实施。

本页，上：大桥侧面视角

为了避免传统高耸桥塔呆板的形象，桥塔正面采用拱形造型，且桥塔塔柱自下而上均采用弧线形过渡，从塔底的7m渐变到塔顶24m。整个桥塔在展现宏伟气势的同时又不乏纤细的美感，整体构造轻盈。桥塔侧面也采用弧线造型，与正立面不同的是，桥塔的侧面尺寸从塔底的9.58m，向塔顶逐渐收窄到3m，同时采用了八边形断面，在保证了桥塔受力的前提下使桥塔在视觉上显得更加纤细、锐利。

下：桥梁正立面

大桥的设计理念取意"时代之门"，主桥方案主塔由曲线形拱门组成，拱门互相层叠，以组成最简洁、有效、稳定的建筑结构体系，凸显雕塑感。拱圈内外侧设置景观灯带，夜晚主塔在灯光的烘托下就好比是一块玉璧，与主缆上的点点灯光组成一串串珠帘，可谓珠联璧合，势必打造山西转型综改示范区的时代新地标。

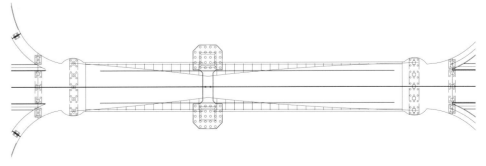

平面图

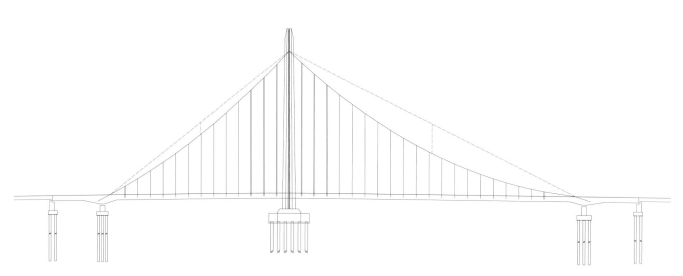

立面图

上：沿河全景

本页：整体夜景

桥塔侧立面从上到下采用了贯穿式的凹槽处理，避免了大面积塔柱的呆板感，同时在内部安装了线条灯，使得夜景景观更加生动。

大同市开源街御河桥
Yuhe Bridge of Kaiyuan Street in Datong

大同开源街御河桥是山西省大同市环城道路跨越御河的重要节点，项目建成后，加强了南部新老城区的交通联系，造就了共生共荣的城市发展空间。桥位周围视野开阔，方案采用"天人合一"人字形独塔斜拉桥，中轴对称的空间格局体现大同稳重大气的城市气质。

开源街两侧与御河东西路形成全互通立交，道路等级为城市主干路，设计速度50km/h，双向八车道。主桥跨越御河，河道宽度300m，主桥长276m，跨径布置为138+138m，塔高承台以上107.8m，标准段主梁宽度41.5m，采用半漂浮结构体系，主梁采用半封闭钢箱组合梁，主塔上塔柱采用U型组合锚固结构。2014年，设计以预制拼装快速化施工为目标，以结构受力合理、材料用量经济为准则，是国内较早在斜拉桥设计中考虑预制拼装理念的桥梁之一。

基地位置 山西省大同市　　**设计时间** 2014 年　　**建成时间** 2018 年　　**桥梁规模** 主桥跨径 276m，主线全长约 2,700m

对页：整体鸟瞰

在中国哲学中，人与世界处在和谐一体、相互沟通的状态，人们追求"天人合一"的境界，桥梁主塔的正"人"字形和倒"人"字形在塔柱中央纵横交错，合二为一，表达"主客交融，天人合一"的哲学思想。大同是一个拥有中轴对称古城遗址的城市，桥梁方案总体对称布置传承了这一建筑格局，体现庄重大气的深厚文化底蕴。

本页，上：岸上透视

主梁采用双边箱钢梁＋预制板的组合梁结构，通过精细化设计手段优化底板利用率，同时解决钢梁正交异形板疲劳问题，提高了经济性及耐久性。主梁标准节段采用了预制板＋现浇接缝的桥面板形式，最大化实现斜拉桥主梁的快速化施工。

下：桥面透视

上塔柱采用 U 字型钢砼组合塔柱锚固形式，创新性采用加劲肋设置在塔柱之外，并与 PBL 剪力键合二为一的 U 型组合截面，节省了塔柱内部空间，钢结构作为内模，方便施工及检修。较好的利用钢和混凝土受力特性，与主梁设计理念相同，最大化实现斜拉桥塔柱的预制装配快速化施工。

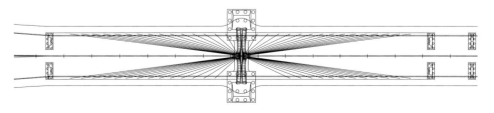

平面图

大同市北环路御河桥
Yuhe Bridge of North Ring Road in Datong

北环路御河桥位于山西省大同市北区主干道沿线上，是连接大同古城和御东新城的重要桥梁之一。

主桥采用四跨连续拱梁协作体系，造型结构新颖、独特，为国内首创。主桥方案构思以大同市五岳中的北岳恒山主峰天峰岭与翠屏峰为造型元素，借助恒山主峰的东西两峰对望，高低相伴，层次分明。

桥梁跨径布置为28m+70m+130m+28m，总长256m，标准桥宽48m，采用钢梁钢拱结构。下部结构采用钻孔桩群桩基础。拱梁固结的空间异型三角形拱梁协作体系传力简洁明确，拱顶、拱脚、拱梁固结等局部关键节点的合理设计有效解决结构传力与疲劳的难题。

北环路御河桥的建成通车，打通了古城区北侧与御东新区的连接，为大同市的城市建设和交通发展又增添了浓重的一笔。

基地位置 山西省大同市　　**设计时间** 2014 年　　**建成时间** 2016 年　　**桥梁规模** 主桥跨径 256m，主线全长 3,700m

对页：鸟瞰实景

横桥向内倾式的不对称三角形拱形成新颖独特的建筑造型，系国内首创。大拱在拱顶自然形成交汇，小拱则不设风撑，变化有序，形似一条飞龙跨越在御河之上。独特的拱结构给人们一种自然流畅的视觉感受，舒缓大气、刚柔并济，通过结构本身的力度来体现建筑造型之美。

本页，上：正立面实景

主桥采用稳重大气不对称三角拱结构布置形式，两跨高低不同，结合拱梁固结的空间拱梁协作体系，充分发挥拱肋受力、刚性系梁克服水平力的受力特点，受力清晰，经济合理。

下：拱顶锚固节点

拱顶处吊杆锚固采用耳板形式。大、小拱拱顶在六边形截面基础上增设纵向中腹板，并将拱肋底板开设槽口，中腹板伸出拱肋形成大耳板供吊杆叉耳集中锚固。拱肋内部通过合理设置多道环向加劲确保中腹板与拱肋壁板的可靠传力。

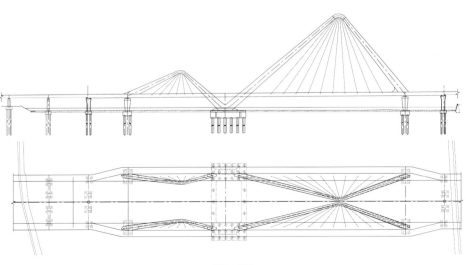

总体布置图

潭溪山玻璃景观人行桥
Tanxishan Glass Landscape Pedestrian Bridge

潭溪山玻璃景观人行桥位于山东省淄博市淄川区峨庄乡潭溪山景区，建造于潭溪山顶 101m 高的岩壁之上，被誉为"齐鲁空中走廊"。

人行桥为单侧悬挂式拱梁体系，桥面跨度 109m，高 25m，拱平面与水平夹角成 60°；弧形桥面半径 85m，矢高 20m，宽度 2.4m，桥面梁与拱之间设 15 根 PE 索。

人行桥应用了创新性设计技术、施工技术和运维全过程控制及监测技术。通过三维激光扫描定位技术解决了岩体的稳定性问题，基于设计—制作—施工全过程一体化设计理念和技术方法解决了设计目标的可实现性问题。采用平移和旋转施工方案，取代危险性高、代价大的传统方案，同时采用临时旋转铰接节点构造、拱推力主动平衡装置、摇摆柱子及爬升装置，实现了桥面与拱架的旋转施工。布置了调谐质量阻尼器以保证人行桥运行过程中的舒适度，EM 索力传感器与桥面三向加速度仪实现了运营期全寿命健康监测并可及时预警。

基地位置 山东省淄博市　　**设计时间** 2015 年　　**建成时间** 2017 年　　**桥梁规模** 桥面跨径 109m

对页：人行桥整体鸟瞰

项目为钢结构景观桥，桥墩采用混凝土，建造于山体岩石上，山体边坡高度约 70m，桥跨度约 100m，东西一跨。

本页，上：整体外观；下：局部实拍

人行桥采用单侧悬挂式拱梁体系，主拱中心曲线为抛物线，跨度 109m，高 25m，拱平面与水平面夹角 60°，拱截面 φ2000mm×30mm，拱脚处放大为 φ2000mm~4000mm×30mm 长圆形；桥面截面为 1m 高钢箱梁，箱型梁中心为圆弧，半径为 85m，矢高 20m，桥面宽度 2.4m，桥面梁与拱之间设 15 根 φ45mm 的 PE 索。

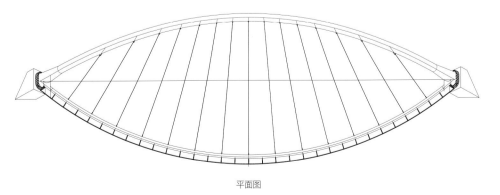

平面图

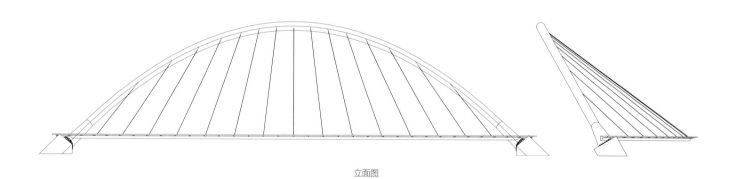

立面图

人行桥与山崖风格浑然一体，与潭溪山风景相得益彰。晴天时，蓝天和白云的倒影铺满玻璃桥面，有踏云而行的快感；云雾天气，玻璃桥则在雾中若隐若现，宛如海市蜃楼。

对页：人行桥整体外观

本页：局部实拍

人行桥与山崖风格浑然一体，与潭溪山风景相得益彰。晴天时，蓝天和白云的倒影铺满玻璃桥面，有踏云而行的快感；云雾天气，玻璃桥则在雾中若隐若现，宛如海市蜃楼。

台州市椒江二桥
Jiaojiang Second Bridge in Taizhou

椒江二桥位于浙江省台州市，是浙江省公路"十一五"建设规划中跨越椒江的重要通道，距离椒江入海口约 3.8km，对推动台州经济迈向沿海时代具有十分重大的意义。桥位处为台风多发区，地形、地质及水文条件复杂，主桥跨径布置为 70+140+480+140+70=900m，设有 1 个 10,000t 级单孔双向主航道和 2 个 500t 级单孔单向副通航孔。

大桥首次将抗风性能较好的钢箱梁流线型外形引入传统组合梁截面，并取消中央底板以优化经济性，形成了半封闭钢箱组合梁的先进设计理念；为避开台风期、加快施工速度、减小拼装误差，创新性地采用整体化预制、双节段吊装施工工法；为适应覆盖层较厚的地质条件，桩基采用桩长 137m 的超长嵌岩端承桩，是当时国内最长的端承桩。该桥设计理念在 2010 年开工时即处于国际领先地位，所取得的技术成就为提升我国桥梁建设技术水平作出了重大贡献。

基地位置 浙江省台州市　　设计时间 2009 年　　建成时间 2018 年　　桥梁规模 主桥跨径 900m，全长约 8,200m

对页：整体鸟瞰

主桥采用首创的半封闭钢箱组合梁，主塔为钻石型索塔斜拉桥结构，斜拉索扇形空间密索型布置；结构体系采用五跨连续漂浮体系，索塔与主梁间纵向安装阻尼限位约束装置。为避开台风期、加快施工速度、减小拼装误差，施工方法采用整体化预制、双节段吊装的创新型工法。

本页，上：岸上透视

桥位处弱风化凝灰岩覆盖层厚120m—135m，经过比选采用嵌岩端承桩比摩擦桩经济性更好，但所需桩较长，在当时缺少类似经验，具有较大的技术难度，设计通过超长嵌岩桩传力机理研究、超长嵌岩桩试桩工艺和承载力试验，最终实现了设计桩长137m的超长嵌岩端承桩，成为当时国内最长的端承桩。

下：梁底透视

对于480m跨径的斜拉桥，组合梁是较为适合的主梁形式，但传统组合梁形式无法满足桥位处较高的抗风要求，因此首次将钢箱梁的流线型外形引入传统组合梁截面，形成流线型钢箱组合梁截面形式，通过精细化设计手段，取消中央部分底板，形成了半封闭钢箱组合梁的先进设计理念。

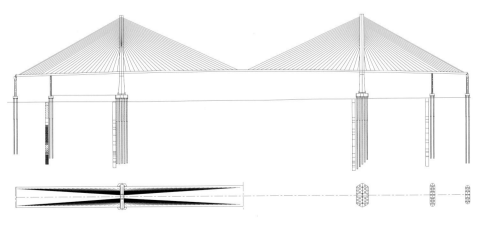

平面图与立面图

太原市摄乐大桥
Shele Bridge in Taiyuan

太原市摄乐大桥以提升城市品位、打造城市地标为目标，是太原建设经济发达、环境优美、具有人文特色北部区域的关键节点。大桥跨越汾河，主跨 150m，为独塔空间扭索面斜拉桥。主塔造型取义太原古称"并州"中"并"字的甲骨文原型，与有韵律的空间变化扭索面相融合，形似翩翩起舞的天鹅，表达自然的生态之美，展现美学与力学之间的平衡。

大桥首创大幅变宽塔柱与空间变化扭索面相结合的斜拉桥造型，引领了国内同类桥型的设计风潮。通过参数变化的扇形塔柱创新、钢砼等截面连接节点创新，实现了塔柱的景观效果。对于高烈度抗震区，结构创新性采用全飘浮减隔震支承混合体系。对于扭索面斜拉桥，通过热固型 PVF 保护套经济有效地解决了斜拉索交叉碰撞问题。

基地位置 山西省太原市　　**设计时间** 2016 年　　**建成时间** 2016 年　　**桥梁规模** 主线全长约 1,600m

对页：整体鸟瞰

大桥整体造型结合桥区周边的景观环境与城市规划，将结构形态与文化内涵相结合。主塔通过两片大幅变宽人字形塔柱向上延伸合二为一，形成"并州之塔"的造型，传承太原"并州"文化。整体建筑造型优美，结构受力合理，体现了建筑与结构、美学与力学之间的平衡。

本页：水中倒影

主塔采用无横梁空间曲面塔柱，线型流畅，简洁大气。塔柱纵桥向尺寸有节制的大幅变化，景观上令人耳目一新，突破了桥塔设计传统手法。空间扭索面的变化使斜拉桥均衡而有韵律，表现大自然的自由及生态感。

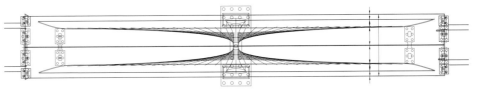

平面图

URBAN PLANNING AND DESIGN

城 市 规 划 与 设 计

临淄区大数据产业园产业研究及规划设计项目

Linzi District Big Data Industrial Park Project Industry Research and Conceptual Planning and Design Project

淄博市临淄区大数据产业园项目位于山东省淄博市临淄区中心城区以西，用地中含基本农田约 300 亩。本项目发展目标为赋能数字中国发展，驱动山东经济增长，连接淄博智能纽带。本项目将是一个集大数据核心产业、智能视频云服务、大数据应用产业、视频内容创意于一体的产业生态圈。

创新组团：基于产业发展的空间诉求，规划设计满足办公和轻生产的垂直塔、满足生产的水平板、灵活组合的小体量建筑三种基础建筑模块，形成功能与形式契合的单元模式。

生态互构：尊重现状生态本底，规划以包容开放的设计手法将基本农田纳入城市空间，使之成为城市景观组成部分，并构成中心聚合、渗透延展的景观结构。

基地位置 山东省淄博市　　**设计时间** 2020 年　　**建成时间** 未建成　　**基地面积** 1,950,000m²　　**建筑面积** 2,100,000m²

建筑与生态有机融合 ─────

规划用地

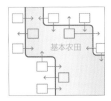

镜像交织

扩大生态绿地的边界

公共活力的集聚

对页：日景鸟瞰图

以绿谷为景观核心节点，打通北部与东部城市景观绿廊，塑造片区生态格局，巧妙地将基本农田作为独具特色的片区景观核心，维系地区文脉和原生活力。规划基于产业发展的实际空间诉求，以不同功能倾向的建筑单体作为基础建筑模块，并通过有机排列、组合与变化，形成三种功能与形式相契合的单元模式。

本页，上：创新走廊──包容开放的活力社群

以"云创"大数据核心产业片区引领区域产业空间发展，打通大数据产业发展轴与创新服务发展轴，呈现多元拼贴生境的创新共享走廊，塑造创新集群为基础的产业活力社群。

下：初创田野──城田交融的无界城境

维系地区文脉和原生活力，实现自然人文与现代建筑的碰撞，通过多种单元模式的办公、生产、孵化等空间，融合形成一片无等级创业的沃土。践行有机共生、精明增长的规划理念，描绘人与自然和谐共生、城景交融的美好画卷。

总平面图

奉贤新城上海之鱼周边城市设计

Fengxian New City Jinhai Lake and Surrounding Area Urban Design

项目位于上海奉贤新城东南侧，以"上海之鱼""中央公园"为设计核心，全力推进"十字水街""田字绿廊"的九宫格城市特色意象建设。项目搭建了"城市设计 +《建设引导手册》"的特色成果体系，以推进设计成果的落地实施。

城市设计：基于新城发展模式 4.0 版的特色内涵和发展目标，规划将城市设计的理念和策略转化为对城市空间环境各系统的建设管控要求，对新城建设进行顶层设计和引导。

《建设引导手册》：通过《建设引导手册》对规划的具体落地实施进行精细化引导，《手册》的核心内容为总体导则和分区导则，相关的引导要求纳入城市规划管控系统，作为相关专业规划设计和城市建设后评估的依据，可供设计师、建设单位、管理者和市民公众使用。

基地位置 上海市奉贤区　　设计时间 2017—2018 年　　建成时间 2018 年　　基地面积 9,581,000m²　　建筑面积 8,000,000m²

对页：整体鸟瞰图

对上海之鱼东部区域，在已有的规划设计基础
上优化设计；对上海之鱼中部区域部分地块功
能构成、建筑体量再研究，塑造特色风貌，构
建活力街区，编制本区块的管控导则；对已建
设的西侧区域进行建设后评估，并提出品质提
升的设计方案。

本页，上：国际社区片区鸟瞰图

规划结合上海国际社区的发展历史，以塑造成熟
的产业功能、高标准的配套设施、有活力的公共
空间、优越的外部环境四大设计策略，实现上海
之鱼国际社区阶段建设目标。

下：活力街区夜景鸟瞰图

总平面图

重庆市主城区"两江四岸"治理提升工程
"Two Rivers and Four Banks" Governance Improvement Project of Chongqing

"两江四岸"治理提升工程位于重庆市主城中心位置，长江交汇口以西的嘉陵江两岸，北岸为江北区，南岸为渝中区和沙坪坝区，是城市发展主轴，也是重庆"山水之城"核心地带的重要组成部分和高质量发展要素的核心聚集地，更是重庆推动内陆开放的重要门户和载体，其地形地貌是重庆"江城、山城"的自然本底和城市特色的生命力所在。规划置入"三心九馆"的都市文化服务功能，构想"巴绿天道，人民滨江"的核心理念，传承历史文脉，打造人文荟萃的风貌带，为城市的未来动力定调，全方位地展示山、城、水、人的共生关系，牢记重庆的乡愁。

基地位置　重庆市　　设计时间　2019—2022 年　　批复时间　2020 年　　基地面积　2,490,000m²

对页，上：聚贤岩金融广场段效果图；左下：
李子坝段效果图（节点工程）；右下：相国
寺码头段效果图（节点工程）

本页，上：化龙桥段效果图（贯通工程）；下：
塔子山公园段效果图（延伸工程）

设计总平面

青岛国际邮轮港
Qingdao International Cruise Port

百年港口、百年胶济、百年海军，大港是青岛近代文明的起源地。随着"经略海洋"战略的推动落实，货运功能的转移，邮轮产业发展需求的遇增，大港迎来了转型升级的发展新机遇。青岛国际邮轮港区，4.2km² 港城腹地，9km 黄金岸线，21 处工业遗存，交通纵横，设施繁多。从资源禀赋，港城关系等条件来看，大港具有发展为国际级特色港城的潜力。

青岛国际邮轮母港是青岛市重大战略的"两区一地"，对青岛文化复兴、老城区复兴、港城联动发展具有重要意义。国际港城历来是活力创新的集聚地。青岛老港区、老城区是多元文化基因库，将依托文化创新、业态创新、多维创新三大动力，成长为青年人聚集地，滋养青年人成长、发展事业、成功的舞台。国际邮轮港区规划打造了活力时尚主题板块乐海坊（启动区）、海洋探索主题板块探海坊、邮轮高端服务板块尚海坊、海洋创新融合板块通海坊和综合配套宜居板块居海坊五大片区。

基地位置 山东省青岛市　设计时间 2019 年　建成时间 在建　基地面积 4,200,000m²　建筑面积 5,400,000m²

筒仓改造策略

原始筒仓

空间扩建

功能植入

纵向切割

横向切割

表皮保留

对页：启动区鸟瞰图

乐海坊以青岛源文化中心为空间与功能核心，
着力发展"邮轮旅游、金融贸易、智慧创新、
商务文化"四大产业。全区以滨海景观轴串联
创新文化消费、购物餐饮、商务办公、邮轮旅游、
创新居住五大片区，并通过两条廊道连接港区与
老城区。启动区将率先建设综合交通集散中心，
并陆续打造十二大亮点项目，导入人气，引爆
大港。

本页，上：大港区鸟瞰图

通过对筒仓进行扩建、功能置入、纵横向切割、
结构利用，形成形式、功能、空间与文化上的
新旧对话。在青岛源文化中心中置入了展览和
会议中心，流线形的空间呼应着海浪的同时也
成为了市民们交流的场所，筒仓形态的大厅则
呼应着整个场所的历史和未来。

下：集散中心"青岛之眼"

集散中心以"青岛之眼"为设计概念，让世界
看到青岛。项目实现了邮轮母港接驳、城市地铁、
公交人流的高效集散，并结合了屋顶绿色花园、
多种商业业态空间、公共休闲空间于一体，形
成高效、绿色、多业态复合的 TOD 综合体系统。

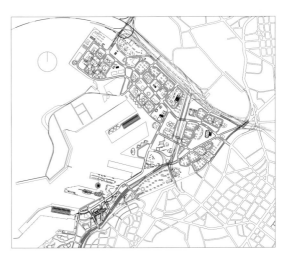

总平面图

朝天门解放碑片区城市更新提升规划方案

Urban Renewal and Upgrading Plan of Chaotianmen and Jiefangbei Area Chongqing

渝中区是重庆的母城，朝天门解放碑片区是渝中的核心区，拥有深厚的文化底蕴及代表重庆山水之城的地形地貌，是重庆商贸服务业等重要产业的聚集地和重庆对外开放的高地，也是重庆两江四岸核心区重要组成部分。规划范围以"九开八闭十七门"古城墙区域为主体，建立"定方向—建体系—摸底数—提指引—落实施—强支撑"六个层层递进的"贯穿式规划"更新规划体系，通过整体战略策划定方向、完整的规划板块建体系、详细调研报告摸底数、全覆盖建设导则提指引、具体项目清单落实施、创新更新政策强支撑，形成有高度、成体系、能实施的完整规划成果，形成了七大方面共 300 余个项目化的城市更新提升工作实施方案，全面焕活重庆"母城渝中"的魅力。

基地位置 重庆市   设计时间 2021—2022 年   批复时间 2022 年   基地面积 3,800,000m²

空间结构优化图

文化旅游体系指引图

对页：整体鸟瞰图

步行地图建设指引图

城江通廊建设指引图

本页，上：更新地块景观提升图（七星岗片
区）；下：文化街效果图

规划策略分析图

北京吉利学院整体搬迁成都工程
Geely University (Chengdu Campus)

吉利学院位于四川省成都市简州新城风光秀美的龙泉湖畔，被列入四川省重点项目，属于新城首批启动项目之一，将为四川省成都市经济社会发展培养急需的应用型、创新型人才，服务国家西部大开发和"一带一路"倡议，为社会各领域输送人才。

规划提出"中国汽车的创梦之园、五元平衡的混合学院、共享互通的未来学院、山水交融的最美校园"的设计构思，旨将新校区打造为"中国本土孵化的走向世界的国际化大学"。

规划以雪山下的公园城市、川西林盘、龙泉山、龙泉湖作为切入点，提出"山水共生的生长聚落、共享互通的未来校园、五元共构的混合书院、自然生态的绿色校园"的设计理念，通过"留山成脉、汇水成湖、交通成环、五元混合"四个策略形成"一心、一环、三台、七区、多廊"为特色的校园空间。

基地位置 四川省成都市　　**设计时间** 2018 年　　**建成时间** 2020 年　　**基地面积** 1,294,200m²　　**建筑面积** 1,266,460m²

规划策略分析图

留山成脉

汇水成湖

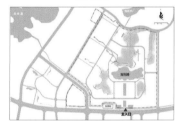

交通成环

五元混合

对页：校园总体鸟瞰

本页，上：山水共生式生长聚落（鸟瞰）

规划借鉴传统川西林盘聚落格局，最大化保留原有山脉、水系、林盘等自然资源，形成建筑、人、自然环境共生共融的生长聚落。

下：川西合院式叠合聚落（公共教学楼）

公共教学楼设计充分尊重场地自然条件，从传统林盘聚落形制中汲取设计灵感，将川西合院的面山临水、依山就势、绿坡吊脚、茂林修竹等特点，结合基地地貌特色，通过转译重构的方式，用现代手法进行重新演绎，打造立体叠院的空间。

1. 公共教学楼
2. 行政楼
3. 图书馆
4. 学生活动中心
5. 学生运动场
6. 双创中心
7. 孵化园
8. 体育中心
9. 实验实训区
10. 学生生活区
11. 留学生及、研究生生活区
12. 西部研究院
13. 国际交流中心
14. 教工生活区

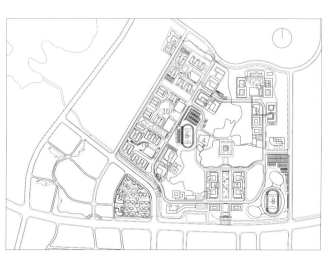

总平面图

上：四合叠院，回转檐廊（教学楼庭院）

利用现代设计手法，重新解构传统成都地域文化，将川西合院"四方天井、回转檐廊"等特色融于公共教学区的设计之中，塑造出川西特色的教学空间。

下：绿坡吊脚，茂林修竹（教学楼入口）

将具有川西特色的"绿坡吊脚"的空间形式，运用在公共教学楼的设计之中，形成高低错动的活力公共空间。利用现代设计手法，重新解构川西竹林的传统地域文化，敞廊、非正式学习空间通过光影的浮动，如同置身"茂林修竹"意境。

上：立体多元的活力社区（学生食堂）；左下：依山就势的台地空间（学生宿舍）

借鉴川西台地的构成形式，生活区依山就势，形成立体台地空间，建筑相互围合成立体叠院空间建筑之间采用空中连廊，为学生提供丰富的多标高步行系统，形成错落有致的立体社区。

右下：交错形体，立体叠院（汽车工程实验实训中心）

建筑体现汽车动感流畅的造型，形体上下交错形成立体叠院，以活力橙为主要点缀色彩，打造出突显学科特点、独具特色的实验实训中心。

四川城市职业学院眉山新校区
Meishan New Campus of Sichuan Urban Vocational College

四川城市职业学院眉山新校区位于四川省眉山市岷东新区。新校区规划整体以开放性布局为基础，体现了高职院校的社会化办学理念，同时规划充分结合地形地貌特征，建筑集中紧凑布局，沿着山势营造坡地建筑特有的高低起伏韵律，极富生长弹性，是一种"山校互映"式的空间关系。

规划设计充分尊重场地自然条件，最大程度地挖掘基地的生态价值。建筑面山而营，伫立于山水之间，并以集约开放的布局方式，留青山、疏绿水、通路径。从传统川西古镇聚落形制中汲取设计灵感，将其面山临水、依山就势、坡地吊脚的特点与建筑之间自然形成的"街、巷、院、坊"空间一起，结合基地地貌特色，通过转译重构的方式，用现代手法进行重新演绎；规划设计将实验实训、综合运动、专家服务、校企合作实训等公共功能布置在场地四周，以方便对外交流和使用，促进城校联动、产教融合和校企合作，使学院与城市共生共荣。

基地位置 四川省眉山市　　**设计时间** 2014 年　　**建成时间** 2022 年　　**基地面积** 492,703m²　　**建筑面积** 478,103m²

规划策略分析图 ————————

一心两轴，坡地街坊

依山就势，人车分流

山水相依，生态园林

对页：总体鸟瞰图

规划整体以开放性布局为基础，体现了高职院校的社会化办学理念，同时规划充分结合地形地貌特征，建筑集中紧凑布局，沿着山势营造坡地建筑特有的高低起伏韵律，极富生长弹性，是一种"山校互映"式的空间关系。

本页，上：开放复合的超级知识中心（图书馆）

图书馆以知识之舟为建筑形体设计理念，以知识的超级容器为建筑空间设计基础，结合青神竹编在地特色，对多样的功能进行空间组合，创造出功能复合、空间多样的全媒体时代校园图书馆。

下：层次丰富的立体生活街道（学生宿舍区）

宿舍区借鉴川西独特的台地街巷空间，建筑四面"围而不合"，并利用场地高差错层布置，方便学生从不同方向、不同标高进入各层，形成空间丰富、充满活力的立体生活街道。

1. 图书馆
2. 公共教学楼组团
3. 综合行政楼
4. 剧院、音乐厅
5. 实训中心
6. 双创中心
7. 产业孵化中心
8. 学生宿舍西区
9. 学生食堂
10. 学生宿舍东区
11. 综合运动区
12. 多功能体育馆
13. 培训中心、及学生食堂
14. 三期学生宿舍
15. 单身教师公寓

总平面图

中国科学技术大学高新园区
High-tech Park of University of Science and Technology of China

中国科学技术大学高新园区位于安徽省合肥市高新园区，新校区由量子信息国家实验室核心区和支撑配套单元组成，致力于满足学校全球领先的学科研发要求，促进学科融合及交流协作，打造适应高新尖教学、实验要求的全新大学校园。

规划设计顺应地块北侧先研院综合楼的中心地位，向南引出主轴线，打造基地的轴线空间构建。"科研学术带"与"滨水生活带"刚柔并济，布局合理，气势恢宏。"科研学术带"将所有学科衔接为一个整体，可步行到达任何学术区域，形成超级学术综合体。"滨水生活带"依水蜿蜒，形成滨水生活建筑群体，营造出生机勃勃的生活环境，形成舒适便捷的校园生活社区。它们不仅为师生提供服务公共空间，同时打通南北地块，提供了舒适便捷、畅达无阻的立体交通网络，是理性与浪漫交织、科技与人文的统一。设计保留了基地现存建筑，塑造整体校园空间，将原本孤立的现状建筑融入新校园整体肌理，完善区域功能业态，融入整体校园环境。

基地位置 安徽省合肥市　设计时间 2017 年　建成时间 2021 年（一期）　基地面积 713,409m²　建筑面积 819,309m²

规划策略分析图

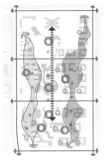

空间结构

◀▶ 主轴线
🐟 滨水生活带
🐟 科研学术带
◯ 主要空间节点

功能布局

■ 科技研发区
■ 生活辅助区
■ 科研学术区

校园道路

🏫 校园入口
▬▬ 城市干道
── 校园环路
── 校内主要支路
┅┅ 限时车道
●▶ 可达入口

对页：校园总体鸟瞰

本页，上：一期校园实景

下：学术科研带公共连廊局部

公共连廊创造了畅达无阻的立体交通网络。连廊下部交织着穿插曲折的漫游路径和遮风避雨的便捷路径；连廊上部路径联系各学科楼与行政服务中心，且可经由绿坡下至地面层，自然地与地面路径衔接。站在连廊上看整个校园，视野被打开，提供了开阔的公园尺度的公共活动空间。

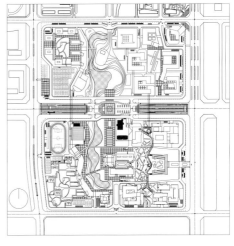

总平面图

中国海洋大学西海岸校区
West Coast Campus of Ocean University of China

中国海洋大学西海岸校区位于山东省青岛市西海岸新区古镇口军民融合创新示范区大学城南端，西侧为大珠山风景区，东临黄海。主景观轴以中部核心教学区为主轴线自西向东，由山到海延伸，并通过南北两侧山海通廊向两侧学生生活区渗透。

规划概念中，三个建筑风貌带从山到海，从历史到未来。"古典、近代、现代"三个建筑风貌带展现了海洋大学从1924—2024年的百年风情，完美诠释历史传承与创新的主题，同时各区特色鲜明、区间层级过渡的设计手法，丰富了校园环境。

空间结构为双通廊＋三片区及多组团＋多中心。沿袭上位规划，由西向东构筑两条山海通廊，校园整体空间疏密有致，对比鲜明，形成"疏可走马、密不透风"的空间意境。

基地位置 山东省青岛市   **设计时间** 2017年   **建成时间** 2022年   **基地面积** 1,886,000m²   **建筑面积** 1,851,000m²

对页：总体东南鸟瞰效果图

本页，上：现代区鸟瞰

校园东西向轴线和山海通廊由大珠山指向菊花岛，使中国海洋大学成为西海岸大学城中最具山海神韵的一所高校。

下：学习综合体内中庭

配合悬挂在顶部的"创想之舟"，中庭两侧的界面也利用层层退台的方式，配合顶部天光，如同温暖的阳光洒进海中峡谷。

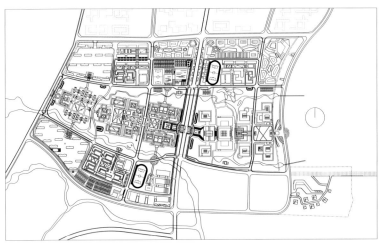

总平面图

电子科技大学长三角研究院（衢州）总体规划

Overall Plan of the Yangtze River Delta Research Institute (Quzhou) of the University of Electronic Science and Technology of China

电子科技大学长三角研究院（衢州）位于浙江省衢州市衢江江畔智慧小镇片区，本项目作为由衢州市政府与电子科技大学联合办学的重要载体，对于衢州经济转型起到重要推动作用，项目功能主要为科创培训楼、图书馆、生活中心及交流中心。

设计理念：因形就势——设计基于场地标高；互联共享——设计通过多个层次的空中连廊将各个科研单元串联为一个整体。

技术难点：回应场地丘陵地貌，建筑设计以平台、廊桥为主要设计语言，以对各个自然楼层关系的处理贯穿各个建筑单体，具备整体统一的内在秩序。

技术创新：生活区建筑的布局将体量以常规尺度重新组合功能，形成聚落，使建筑体量可感知；生活中心合院模式反应出强烈的"家园"情结；体量的水平延展使得院与院之间紧密联系，从而使师生代入到更为真实的生活场景。

基地位置　浙江省衢州市　　设计时间　2020 年　　建成时间　2022 年　　基地面积　144,894m²　　建筑面积　156,000m²

规划生成分析图

用地高程

适宜建设区域

体量布局

观景平台

群组连接

对页：整体鸟瞰

基于场地标高进行总体设计，原地势较低处设置景观绿地以及水面，地势较高处布置建筑群落。建筑布局以小体量建筑为主，打散融入场地环境中。

本页，上：旋转叠台——建筑设计回应等高线走势

科创培训楼三座建筑顺应等高线方向布置，形成不同朝向、灵活多变的建筑群落。各个单体根据所在场地标高设置多层次的建筑到达层，每个自然层根据所在标高等高线的方向进行旋转，形成了多标高多维度的建筑观景平台。

下：多维度平台联系各研究组团

电子科大长三角研究院定位是以博士生、研究生团队为主体的高层次研究院校，鼓励不同科研团队间高效互联与学科交叉协作。多层次的空中连廊为师生提供风雨无阻随时随地的共享交流场所，增强不同专业师生见面交流的可能性。

总平面图

RESIDENTIAL AND SPECIALIZED DESIGN

居 住 建 筑 及 专 项 设 计

瑞立文化商业广场商住办项目
Ruili Cultural Commercial and Residential Projects

　　瑞立文化商业广场利用地块本身的小尺度街区的特点，从复合邻里、分级开放和慢行交通等多方面入手，打造生活便利、尺度宜人的开放式街区。

　　街区尺度：用地被划分为 4 个地块，其中最大的街坊在 90m×160m 左右，最小的街坊 75m×120m 左右；复合邻里：地块混合了居住和商业功能，20% 的商业及配套设置于裙房，实现了较高的贴线率，住宅沿地块外围布置，形成中央尺度宜人的十字形步行街；分级开放：项目践行适度的开放原则，步行街作为全开放空间，打造具有都市生活氛围的街道空间，组团内院作为半开放空间，设置门禁，以确保社区的安全和管理的方便；慢行交通：4 个地块之间的十字形道路被设计为生活性街道，限制车速。为进一步提升步行环境和社区安全，各地块结合机动车道各设有一个地下车库出入口，方便实现人车分流。

基地位置 上海市嘉定区　　**设计时间** 2012 年　　**建成时间** 2016 年　　**基地面积** 44,085m²　　**建筑面积** 215,358m²

对页：整体鸟瞰

本页：上：社区步行街；下：沿街住宅建筑
立面

住宅沿地块外围布置，形成中央开敞的花园空
间。住宅底层局部架空，使绿化环境可以在建
筑内部得到很好的延续。为整合土地资源，
四个地块地下室整体开挖，统一规划设计。地
块内部无供城市其他地块使用的市政管线，地
块内整体（含穿越内部的市政道路）覆土厚度
1.5m，即可满足绿化及自身雨污水的需要。

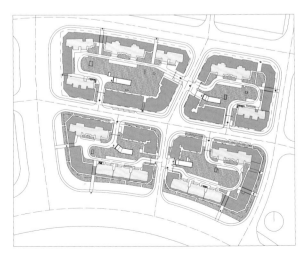

总平面图

上海露香园
Shanghai Aroma Garden

露香园基地位于上海市中心区的腹地老城厢内，区位优势显著。露香园400年前与豫园、日涉园并称"上海三大名园"；租界时期，石库门联排里弄住宅成批建造，形成了老城厢西北角具有明显地产开发痕迹的规整城市肌理，历史人文优势显著。

在城市文脉延续方面，项目不仅完整记录了城市空间、肌理以及生活记忆，通过结合现代生活的方式重新呈现，还深挖了露香园区域的城市历史、文化内涵，真正做到了深层次延续"上海文化"品牌。

在空间的更新方面，项目创造性地采用南低北高的规划格局，北面的高层风貌协调区集中解决大部分动迁后需要填补的建筑容量问题；南面的低层风貌保护区则重点重塑老城厢的城市肌理、风貌和尺度。在此基础上，项目又加入现代生活所需的完善的高品质配套、丰富的绿化景观和富有文化气息的社区氛围，让生活其间的人，在享有现代城市生活便利性的同时，又享受到城市历史人文区域所带来的独特参与感、更多的故事性和人文情怀。

基地位置　上海市黄浦区　　设计时间　2008—2017年　　建成时间　2019年　　基地面积　46,000m²　　建筑面积　127,000m²

对页：露香园夜景全景

在满足高密度的条件下，通过高低分区，突出重点的手法，创造性地保持了上海老城厢的城市肌理形态，留下了原有的路网结构，增加了适应现代生活的公共空间。

本页，上：露香园街景透视

设计保留了原有街巷的空间感，保持原有道路的走向和宽度，以及道路两旁建筑的尺度和立面特点。展现包括空间布局、外观样式、典型装饰风格与建造材料以及其他体现风貌历史文化特征的建筑元素。

下：建筑立面及细部

尊重建筑形式上的历史信息，创造性地将现代材料和传统材料相结合，分层次分部位地重塑和保留了传统工法意向和风格，为传统街区改造开拓了新的路径。

总平面图

上海前滩三湘印象名邸
Top View, Qiantan Shanghai

　　上海前滩地区是以世博会为核心的黄浦江南部滨江区域的重要组成部分，三湘印象名邸位于前滩黄浦江最前沿，它以积极主动的姿态融入滨江岸线，整个区域采用混合街区和建筑综合体的空间布局模式，融入多样功能，突出人性化，增强吸引力。混合街区采用小街坊、高密度、低高密度混合街区的布局模式，以人为本，营造尺度宜人、活动多样的街区空间。

　　项目的公建化立面，为滨江空间注入多样性。住宅内部空间分隔灵活，可塑性强。项目采用100%装配式建筑，全装修设计，采用多种科技系统，创造出低碳、节能空间，运用数字科技平台极大提高设计精细度，建筑外遮阳、系统门窗、装配式构件形成一体化部品。

基地位置　上海市浦东新区　　设计时间　2015—2016 年　　建成时间　2020 年　　基地面积　13,965m²　　建筑面积　54,841m²

形体生成分析图

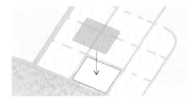

置入森林，营造城绿互融

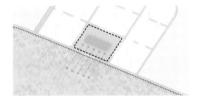

森林与浦江对话

建筑围绕森林布置，形成围合街坊

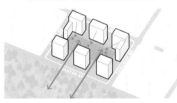

打开城市界面，实现与江畔公园及城市空间的
交流，延续城市街区的网状结构

住宅配套作为裙房结合小区入口大门廊架，形
成城市近人尺度界面。西南角通过建筑转折，
形成对行人友好的城市转角

对页：总体鸟瞰

全方位演绎出环境生态型、功能复合型的城市
核心滨水区，力图打造具有国际水准的绿色社
区、复合社区、立体社区。

本页，上：沿江界面

设计用公建化的建筑立面回应滨水城市界面，
建筑外部轮廓尽量减少凹凸，打破传统居住建
筑立面的细碎感。

下：户型内景

住宅内部空间分隔灵活，可塑性强，结合家庭
成员间的互动、交流、共享，形成了空间流动、
内外交融的弹性空间。

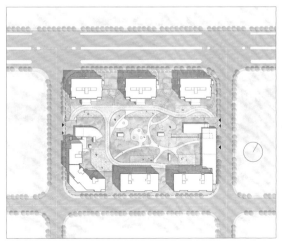

总平面图

雄安新区容东片区 E 组团安置房及配套设施
Group E Resettlement Housing and Supporting Facilities in Rongdong Area of Xiong'an New Area

容东片区是雄安新区的先行开发区，承接首批安置，为起步区和启动区建设提供支撑服务，肩负着探索建设经验、创新开发模式的重要使命。E 组团的设计内容包含 XARD-0017、XARD-0019 宗地居住街坊，XARD-0025 宗地社区中心，XARD-0027 宗地小学和幼儿园。

项目以"小街区密路网"的规划理念为先导，以合而不围、功能复合的院落空间为创新模式，以高低错落、变化丰富的建筑形态为主要特色。不同于传统的居住区，容东的住区采用了真正混合的社区形态，这也正是激发"街道生活"的诱因。服务于邻里的公共配套设施穿插分布于各个街坊的裙房中，与绿化、街具组合共同形成城市公共界面，加强了场所活力氛围的营造，提升了步行体验和街道活力。从而形成既满足近期搬迁安居需求，又着力打造传承历史、产城融合、活力多元的宜居城区。

基地位置 河北省雄安新区　　**设计时间** 2020 年　　**建成时间** 2022 年　　**基地面积** 218,317m²　　**建筑面积** 627,105m²

对页：整体鸟瞰

本页，上：社区鸟瞰

对应约 400m×600m 空间尺度的基因街坊，
形成一个复合邻里街坊（即 5min 生活圈），配
置相应的邻里生活配套设施、地下停车、垃圾
及人防等设施，形成复合生活社区的最小单元。
XARD-0017、XARD-0019 宗地即为一个典
型的复合邻里街坊。

下：居住街坊内院

社区中心承载着市民服务功能和重现文化记忆
的双重任务，结合雄安地域建筑文化和基地现
有保留树木，设计了由四个院落和一个传统建
筑街区构成的建筑组团。

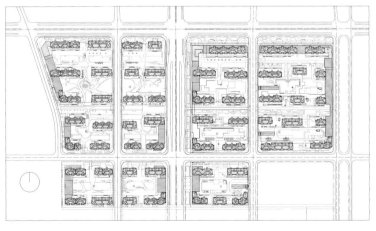

总平面图

株洲国际赛车场
Zhuzhou International Circuit

株洲国际赛车场位于湖南省株洲市，赛道全长 3.77km，共设 14 个弯道，最小转弯半径 6.89m，最高时速 272.25km/h，运用自主研发的"智慧赛道"设计技术，创造了五项"中国第一"和"世界第一"，是目前国内落差、横坡、纵坡最大的国际赛车场。赛道以"引领科技、拥抱未来"为使命，通过 100% 自主知识产权的全数字技术彻底颠覆传统赛车场的特点，解决了三维空间体系内赛道施工毫米级精准控制的世界难题；首创"立体式"赛道空间布局实现了 300% 的土地利用率，创造了 60m 落差 400 万 m^3 土原地精准平衡的奇迹；1/1000s 实时仿真 + 实时渲染的迭代技术保障赛道安全；国内首创的智能安全驾驶基地在此落地实践，原创的"动力之都"系列主题雕塑，全方位带动汽车产业生态的跨界融合和创新升级。

基地位置 湖南省株洲市　　**设计时间** 2018 年　　**建成时间** 2019 年　　**基地面积** 530,000m²　　**建筑面积** 52,287m²

对页：国际赛车场鸟瞰

占地面积仅为同等级赛车场一半的土地空间内
巧妙结合地形地物打造四大功能板块，是中国
第一个可以全角度沉浸式观赛体验的国际赛车
场，在物理空间上实现真正的万物互联。疾速
飞驰的赛车与对向驶来的高铁形成了 600km/h
的视觉碰撞。

本页，上：国际卡丁车场

坐落于株洲汽车博览园主入口，与国际赛车场
交相辉映，是国内落差最大的国际卡丁车场，
也是华中地区唯一获得国际汽车联合会认证的
卡丁车场，成为中国青少年和职业车手成长的
摇篮。

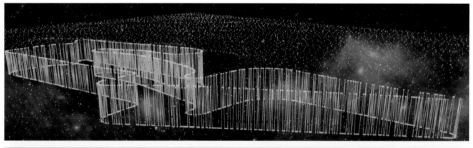

中：智能安全驾驶测试基地

经过长期系统性的前瞻性研究和科学实验，对
赛车场建成后的夹心土地实现功能升级和模式
创新，1:1 真实还原冰雪路面交通事故第一现场，
是国内首个具备智能车辆测试研发和驾驶人应
急反应能力培训的实训平台。

**下：星空之下——智能赛道设计与虚拟现实
技术**

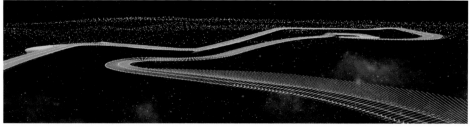

上海外滩历史保护建筑照明改造
Lighting Renovation Design of the Bund Shanghai

2018 年，外滩历史建筑群迎来一次大规模的照明改造。改造旨在恢复过去外滩建筑照明钠灯金黄色的泛光照明风貌，并展示新时代下城市夜景照明的创新设计。该项目的设计亮点在于通过灯光细腻、准确地塑造外滩建筑群的精神与气质，以及利用 LED 新技术在满足当前城市夜景照明发展的要求下重拾历史记忆。

集团照明团队在本项目中全面参与总控管理、专题研究、总体照明规划与设计以及各建筑照明设计与技术方案审核等工作。此外，设计团队重点参与设计了外滩 14 号和外滩 29 号的泛光照明。在实际项目过程中，照明设计团队与历史建筑保护专家合作，注重照明对建筑风格特征的表达。在灯具细节上更加注重灯体外观、布线和线槽涂装等细节处理。在照明光色方面，设计团队整体把控夜景效果，参与定制琥珀黄与 3000K 两种 LED 芯片的混光灯具，巧妙地再现旧时钠灯的金黄色效果。

基地位置　上海市黄浦区　　　**设计时间**　2018 年　　　**建成时间**　2018 年　　　**建筑面积**　约 100,000m²

对页：外滩夜景鸟瞰

作为百年上海的象征，外滩汇聚了不同时期、不同风格的各式建筑，被誉为"万国建筑博览群"。外滩夜景整体和谐、夺目。金黄的光色在夜晚充分展现了外滩建筑群优雅、华丽、璀璨的气质。

本页，上：外滩 14 号夜景效果

外滩 14 号建筑是一座近现代主义风格的建筑。照明设计注重垂直线条和简洁明快的外立面，在夜间呈现简洁、挺拔的视觉效果。

中，下：照明色温可变效果对比

外滩建筑群总体色温可以实现从琥珀色到3000K 的变化，不仅可以再现钠灯的金色，还可以展现 LED 新技术应对项目中对多色温的需求。此外，近处的外滩 29 号建筑入口上方的紫色光照明，呼应该建筑的主题色，又展现了魔都上海的气质，成为效果的点睛之笔。

上海金鼎"聪明城市"CIM 数字化平台
Shanghai Master Cube CIMAI Digital System

上海金鼎位于上海外环线以内、浦东北部巨峰路与申江路交叉口，是中心城少有的整体开发用地，同时拥有非常优越的对外交通及天然的产业服务配套区位优势。

为承接上海数字化转型战略，响应上海国有企业数字化转型要求，全面推动城市数字化转型，上海金鼎提出打造聪明城市区域示范基地。作为写入上海市"十四五"重点项目的"金色中环发展带"首批重点建设区域，在 2km^2 区域范围内，总建筑面积达 275 万 m^2。

平台以"强智能、自生长、自学习"为主要特点，成为金鼎的智慧大脑，通过数据、算法、空间将城市中的管理者、治理者、建设者、企业和居民联系到一起，为金桥金鼎区域的社会经济、生活、治理带来革命性变革驱动力。

| 基地位置 | 上海市浦东新区 | 设计时间 | 2020 年 | 建成时间 | 2022 年 | 基地面积 | 2,000,000m² | 建筑面积 | 2,750,000m² |

对页：CIMAI 数字化平台首页

项目总计完成其中总计二百余万平米的数字城市基础底座，并在规划、建设、招商和运营四个核心阶段提供大量基于算法的智能辅助模块，从而协助核心决策者实现高效信息化管理，为一线工作者提升管理半径和效能。

本页，上：项目概况

中：BIMtoCIM 全量数据导入技术

自主研发 BIM 数据转化中间件，大幅缩短数据处理时长并保留了模型的关键构建信息，实现模型轻量化。

下：高自主体行为模拟的人流密度推演算法

通过对不同区域访客行为，建立模拟算法，进行仿真推演并根据推演结果优化人员流线并制定应急预案。

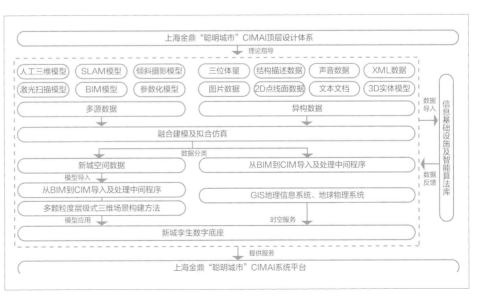

整体研究路线图

图书在版编目（CIP）数据

同济设计集团作品选：2017—2022 / 同济大学建筑
设计研究院（集团）有限公司编著 . -- 上海：同济大学
出版社 ,2023.12
ISBN 978-7-5765-0057-8

Ⅰ . ①同… Ⅱ . ①同… Ⅲ . ①建筑设计 – 作品集 – 中
国 – 现代 Ⅳ . ① TU206

中国国家版本馆 CIP 数据核字 (2024) 第 010812 号

同济设计集团作品选 2017—2022

同济大学建筑设计研究院（集团）有限公司　编著

责任编辑：徐　希 | **责任校对：**徐逢乔 | **装帧设计：**完　颖

出版发行：同济大学出版社 www.tongjipress.com.cn

　　　　（地址：上海市四平路 1239 号　邮编：200092　电话：021-65985622）

经　　销：全国各地新华书店、建筑书店、网络书店

印　　刷：上海安枫印务有限公司

开　　本：889mm×1194mm　1/16

印　　张：24

字　　数：608 000

版　　次：2023 年 12 月第 1 版

印　　次：2023 年 12 月第 1 次印刷

书　　号：ISBN 978-7-5765-0057-8

定　　价：350.00 元